BRAHIM EL GHMARI
ABDELLAH ECH-CHAHAD
HANANE FARAH

Biossíntese, caraterização e aplicação de nanopartículas

BRAHIM EL GHMARI
ABDELLAH ECH-CHAHAD
HANANE FARAH

Biossíntese, caraterização e aplicação de nanopartículas

ScienciaScripts

Imprint
Any brand names and product names mentioned in this book are subject to trademark, brand or patent protection and are trademarks or registered trademarks of their respective holders. The use of brand names, product names, common names, trade names, product descriptions etc. even without a particular marking in this work is in no way to be construed to mean that such names may be regarded as unrestricted in respect of trademark and brand protection legislation and could thus be used by anyone.

Cover image: www.ingimage.com

This book is a translation from the original published under ISBN 978-620-6-72506-0.

Publisher:
Sciencia Scripts
is a trademark of
Dodo Books Indian Ocean Ltd. and OmniScriptum S.R.L publishing group

120 High Road, East Finchley, London, N2 9ED, United Kingdom
Str. Armeneasca 28/1, office 1, Chisinau MD-2012, Republic of Moldova, Europe
Printed at: see last page
ISBN: 978-620-6-16720-4

Conteúdo

Introdução gerar

As nanopartículas de óxido de mëtaLLque são uma classe de matëriais com tamanhos de partículas entre 1 e 100 nanomëtres. Estas nanopartículas têm propriedades físicas e químicas únicas que diferem das dos matëriais a granel devido à sua relação ëкyë superfície-volume, efeitos de confinamento quântico e ressonância plasmónica de superfície. Como resultado, de óxido mëtálico têm encontrado aplicações em vários campos, incluindo catálise, eletrónica, energia, biomedicina e remediação ambiental[1].

Uma das principais vantagens das de óxido mëtálico é a sua elevada reatividade^, o que as torna úteis para a catálise. Podem ser utilizadas como catalisadores em várias reacções químicas, tais como a redução do óxido nítrico, a oxidação do monóxido de carbono e a hidrogenação de compostos orgânicos. A relação ëкyë superfície/volume das de óxido mëtálico fornece um grande número de sítios activos para reacções catalíticas, resultando em taxas de reação e rendimentos mais ëlevës[2].

No campo da eletrónicaas nanopartículas de óxido mëtálico são utilizadas como ëlëments básicos para o fabrico de dispositivos à nanoescala. Estas nanopartículas podem ser sintetizadas com formas e tamanhos específicos, o que permite controlar as suas propriedades electrónicas. de óxido metálico também exibem propriedades ópticas únicas, como a ressonância plasmónica, tornando-as adequadas para aplicações em deteção, imagem e optoelectrónica[3].

No campo da energia, de óxido mëtálico são utilizadas como materiais de elétrodo em baterias de iões de lítio, que são amplamente utilizadas em dispositivos electrónicos portáteis. A relação superfície-volume ëкyë das de óxido mëtálico fornece um grande número de locais para a intercalação de iões de lítio, resultando em maiores densidades de energia ëlevëes e maior vida útil da bateria[4].

No domínio biomédico, de óxido mëtalico têm encontrado aplicações na administração de medicamentos, imagiologia e terapêutica do cancro. Podem ser funcionalizadas com ligandos de direcionamento para administrar seletivamente medicamentos a células ou tecidos específicos[5]. de óxido metálico podem também ser utilizadas como agentes de contraste para a imagiologia por ressonância magnética (MRI) devido às suas propriedades magnéticas[6]. Na terapia do cancro, de óxido metálico podem ser utilizadas para o tratamento de hipertermia, que envolve o aquecimento de células cancerosas utilizando um campo magnético externo[7].

No domínio da remediação ambiental, as nanopartículas de óxido de mëtaLLque têm encontrado aplicações na eliminação de poluentes da água e do ar. Podem ser utilizadas como catalisadores para oxidar poluentes ou como adsorventes para os remover do ambiente[8].

Em geral, de óxido mëtalico são uma classe versátil de matëriais com muitas aplicações em vários campos. As propriedades físicas e químicas únicas destas nanopartículas tornam-nas atractivas para um vasto conjunto aplicações, e espera-se que a sua utilização continue a desenvolver-se no futuro[7], [9], [10].

A biossíntese de nanopartículas, incluindo de óxido de prata e de níquel, é uma área de investigação fascinante que tem atraído muita atenção devido às suas potenciais aplicações em vários domínios [1], [11], [12]. A motivação para a biossíntese destas nanopartículas pode ser atribuída a vários factores:

- Síntese ecológica e sustentável: Os métodos tradicionais de síntese de nanopartículas envolvem frequentemente a utilização de produtos químicos agressivos e temperaturas elevadas, que podem ser prejudiciais para o ambiente e consumir muita energia. A biossíntese oferece uma alternativa mais ecológica e sustentável, utilizando agentes biológicos como microrganismos, plantas ou enzimas para efetuar a síntese em condições mais suaves[7].

❖ Biocompatibilidade: As nanopartículas biossintetizadas tendem a ser mais biocompatíveis do que as produzidas por métodos químicos. Este facto é particularmente importante para aplicações médicas, como a administração de medicamentos e a imagiologia, em que as nanopartículas devem interagir de forma segura com organismos vivos[5].

❖ Controlo do tamanho e da forma: As técnicas de biossíntese permitem um melhor controlo do tamanho, da forma e da morfologia das nanopartículas. Este controlo é vital porque estes factores podem influenciar significativamente as propriedades e aplicações das nanopartículas.

❖ Baixo custo: em muitos casos, os agentes biológicos utilizados para a biossíntese podem estar facilmente disponíveis e ser baratos, ajudando a reduzir o custo global de produção das nanopartículas.

❖ Modelos biológicos: Certos organismos, como as bactérias e as plantas, podem servir de modelos naturais para a síntese de nanopartículas. As nanopartículas podem ser formadas sobre ou dentro destes modelos, conferindo-lhes propriëtës únicas e potenciais aplicações em catálise, eletrónica, etc.[3], [13].

❖ ^^^ ^ Aтë de atividade catalítica: as nanopartículas mëtálicas, tais como as nanopartículas de prata e de óxido de níquel, apresentam frequentemente uma maior atividade catalítica devido à sua relação superfície/volume ëкyë. Estas nanopartículas podem ser utilizadas em vários processos catalíticos, incluindo a poluição ambiental e a síntese química industrial [13], [14].

❖ Propriedades antibacterianas: As nanopartículas de prata, por exemplo, são conhecidas pelas suas fortes propriedades antibacterianas. de prata biossintetizadas podem ser utilizadas no domínio da medicina e dos cuidados de saúde para a cicatrização de feridas, a esterilização e o controlo de bactérias resistentes aos antibióticos.

❖ Aplicações no domínio dos sensores: As nanopartículas biossintetizadas podem ser utilizadas como elementos de deteção em vários dispositivos. As suas propriedades ëtëlectrónicas e ópticas únicas permitem-lhes criar sensores sensíveis e seëlectivos para a dëtecção de gases, produtos químicos e biomoléculas.

❖ Applications ënergëtiques : de prata e de óxido de níquel têm aplicações potenciais nos domínios da energia. As nanopartículas de prata podem ser utilizadas em células solares, catálise para células de combustível, etc. de óxido de níquel podem encontrar aplicações em supercapacitores, sensores e dispositivos de armazenamento de energia.

❖ Avanços na nanotecnologia: A biossíntese de nanopartículas está a contribuir para o avanço do campo da nanotecnologia, permitindo o desenvolvimento de materiais e dispositivos inovadores com propriedades e desempenho melhorados.

^ Assim, a nossa motivação para a biossíntese nanopartículas de prata e óxido de níquel vem do dësir de_svntlK'tiser des nanoparticles ayant des propriëtës controls et une biocompatibil amëliorëe avec un impact environnemental reduit qui peuventre utilisëes dans divers domaines tels que la mëdecine, la catalyse, l^nergie et l^lectronique, etc....

CAPÍTULO I

Estudo etnobotânico da planta H. Hirsuta

I. Introdução

A H. hirsuta, frequentemente designada por erva-das-hernias, é uma planta que encontrou o seu lugar não só nas regiões áridas, mas também no mundo da botânica e da ecologia. As suas raízes profundas, as suas folhas em forma de lança e o seu hábito rastejante fazem dela uma espécie adaptada aos ambientes mais adversos. No entanto, não é apenas a sua adaptação às condições adversas que a torna especial. *A H. hirsuta* desempenha também um papel crucial na preservação do solo e da biodiversidade nestes meios áridos. As suas raízes funcionam como uma verdadeira âncora para o solo, a erosão e ajudando a manter a integridade de ecossistemas frágeis. Além disso, esta planta possui propriedades botânicas fascinantes, como a sua capacidade de se reproduzir autonomamente por autofecundação, o que a torna um importante objeto de estudo para os investigadores em ecologia. *A H. hirsuta* é assim um exemplo extraordinário da forma como as plantas evoluíram para resistir a condições ambientais extremas, desempenhando simultaneamente um papel fundamental na conservação da natureza.

II. Classificação taxonómica de *H. hirsuta*

H. hirsuta é uma espécie de planta com flor da família Caryophyllaceae. Segue-se um resumo da sua classificação taxonómica [15]:

- **Reino**: Plantae
- **Subregnum**: Tracheobionta
- **Superdivisão**: Spermatophyta
- **Divisão**: Magnoliophyta
- **Classe**: Magnoliopsida
- **Subclasse**: Caryophyllidae
- **Ordem** : Caryophyllales
- **Família**: Caryophyllaceae
- **Género**: Herniaria
- **Espécie**: *H. hirsuta*

Existem também algumas variações na classificação taxonómica da *H. hirsuta*, incluindo subespécies e variedades. Por exemplo, *H. hirsuta var. hirsuta* e *H. hirsuta ssp. cinerea* são reconhecidas pelo Sistema Integrado de Informação Taxonómica (ITIS) como variëtës e subespécies de *H. hirsuta* , respetivamente. No entanto, o estatuto taxonómico destas variações pode variar consoante a fonte.

III. Nomenclatura da planta *H. hirsuta*

Eis alguns nomes comuns para a planta *H. hirsuta* [16].

- **Árabe**: Harras lahjar, Hashishat Al Fatik, Marda, Noman amrad, Dizama;
- **Inglês**: Hairy rupturewort,
- **Francês**: Herniaire velue; casse piërres.
- **Alemão**: Behaartes Bruchkraut, Behaartes Bruchkraut;
- **Suécia**: Luddknytling.

IV. Morfologia da *H. Hirsuta*

A planta *H. hirsuta* é uma espécie herbácea pertencente à família **Caryophyllaceae**. Aqui está uma descrição dëtaillëe da sua morfologia [17], [18]:

- **Raiz:** *H. hirsuta* possëde um sistema radicular pouco profundo, com raízes pouco profundas que se estendem horizontalmente no solo.
- **Caule:** Os caules das hërissëe são delgados, rastejantes e geralmente prostrados no solo. Podem atingir um comprimento de 10 a 30 cm. Os caules são ramii'ie a partir da base e podem formar tufos densos.
- **Folhas:** As folhas desta planta são opostas e dispostas ao longo dos caules. São sésseis, o que significa não têm um pëtiole distinto, e são gënëralement oblongas a spatu^es. As folhas são cobertas com pêlos curtos e macios, dando-lhes uma textura aveludada.
- **Flores:** As flores da hérnia hërissëe são pequenas e discretas. São geralmente de cor verde pálido a branco amarelado. Estão agrupadas em inflorescências pequenas e densas, formando cachos ou cimas axilares. Cada flor tem cinco pétalas fundidas na base e cinco pétalas reduzidas e escamosas. A planta é monóica, o que significa que produz flores masculinas e femininas no mesmo indivíduo.
- **Frutos e sementes:** A planta produz pequenos frutos em forma de cápsula que contêm sementes. As cápsulas são geralmente dëpourvues dentes ou protubërances e podem conter 5 a 10 sementes.

Em rësumë, *H. hirsuta* é uma pequena planta rasteira com caules delgados, folhas opostas aveludadas, flores discretas verdes a brancas e cápsulas de sementes. As suas folhas são pequenas, verde-claras e têm até um centímetro de comprimento e ladeiam os caules (Figura I.1).

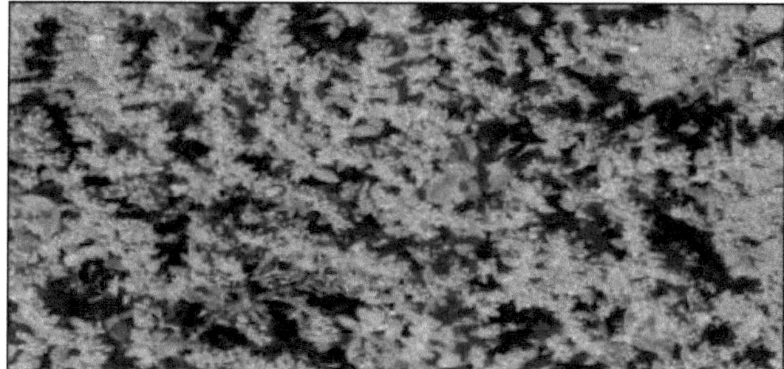

Figura I. 1: Fotografia da planta *H. hirsuta.*

V. Distribuição geográfica da planta *H. hirsuta*

V.1 A nível mundial

A H. hirsuta tem uma ampla distribuição geográfica em várias partes do mundo, com presença na Europa, Norte de África e América do Norte. Existe em ambientes perturbados, particularmente em terrenos não cultivados e em solos predominantemente arenosos, desde o nível do mar até à faixa montanhosa inferior e, em todos os casos, até 1.600 metros acima do nível do mar.

A figura I.2 [19] mostra a distribuição desta planta em diferentes países do mundo:

- Em África: Etiópia, Argélia, Egito, Marrocos.
- Na Ásia: Kuwait, Arménia, Azerbaijão, Federação Russa, Quirguizistão, Tajiquistão, Turquemenistão, Uzbequistão, Irão, Iraque, Palestina, Jordânia, Líbano, Síria, Turquia.
- Na Europa: Áustria, Bélgica, Alemanha, Hungria, Eslováquia, Suíça, Albânia, Bulgária, Croácia, Grécia, Itália, Macedónia, Roménia, Eslovénia, França, Portugal, Espanha.

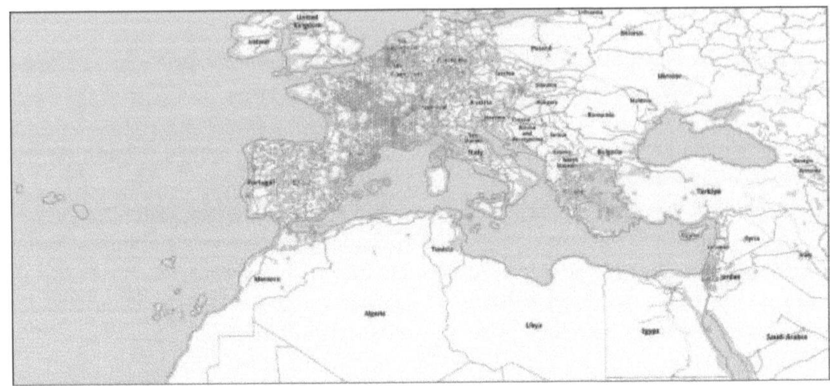

Figura I. 2: Distribuição mundial da planta Herniaria hirsuta.

V. 2. Em Marrocos

Embora os estudos específicos sobre a distribuição de *H. hirsuta* nas diferentes regiões de Marrocos sejam limitados, a informação disponível sugere que a planta pode ser encontrada em diferentes partes do país [20], [21]. *A H. hirsuta* está presente nas regiões de Rabat, Oujda e Fes-Boulemane de Marrocos, de acordo com estudos etnobotânicos [22].
Está listada como presente em Marrocos no sítio Web do INPN (Inventaire National du Patrimoine Naturel), que fornece informações sobre a distribuição das espécies em França e nos territórios ultramarinos [23].

VI. Composições químicas

A composição química da *H. hirsuta* pode variar em função de uma série de factores, incluindo a localização geográfica, o período de colheita, os factores climáticos, os factores edáficos e o de extração utilizado. Estudos anteriores mostraram que os extractos aquosos de *H. hirsuta* são ricos em fitoquímicos como saponinas, flavonóides, cumarinas, ácidos triterpénicos e esteróis. Um estudo publicado na revista "Natural Product Research" dá um exemplo da composição química aproximada *da* H. *hirsuta* apresentada no *quadro I.1* [24]:

Quadro I. 1: Exemplo da composição química de *H. hirsuta.*

Famílias	*Quantidade em massa %o*	*Compostos químicos*	*Quantidade em massa %o*
Flavonóides	1,08 %.	Apigenina	0.52%
		Luteolina	0.34%
		Quercetina	0.18%
Triterpenóides	0.32%	Ácido ursólico	0.17%
		Ácido oleanólico	0.15%
Esteróis	0.11%	P-Sitosterol	0.08%
		Estigmasterol	0.03%
Alcalóides	0.03%	Herniarina	0.02%
		Herniaridina	0.01%

VII. Efeitos farmacológicos

A H. hirsuta é utilizada na medicina tradicional marroquina para o tratamento da hipertensão arterial, da litíase urinária e biliar [25]. De acordo com estudos anteriores, esta planta possui numerosos efeitos farmacológicos, tais :

- **Anti-urolitíase**: Numerosos estudos mostraram que os extractos aquosos de *H. hirsuta* e *H. glabra* são eficazes no tratamento e na prevenção da urothiasis em ratos [26], [27]. Meiouet et al (2010) demonstraram que o extrato de *H. hirsuta* é capaz de dissolver a litíase de cistina através da formação de complexos de cistina-saponina ou cistina-flavonoide [28].
- **Diurético**: Mabrouki et al (2021) demonstraram que os extractos etanólicos de *H. glabra* têm atividade diurética. Esta atividade está relacionada com as saponinas presentes nestes extractos[29].
- **Antimicrobiano**: Foi demonstrado que *a H. glabra*, uma espécie relacionada, tem efeitos antimicrobianos [23],[30].
- **Antioxidante** : De acordo com estudo efectuado por Kolodziejczyk-Czepas et al (2021), *a H. glabra* demonstrou ter efeitos antioxidantes[31].

VIII. Conclusão

I. *hirsuta* é uma planta anual de crescimento modesto originária centro e do sul da Europa, mas introduzida em várias partes do mundo. A sua utilização tradicional na medicina remonta a vários séculos, principalmente pelas suas propriedades como anti-urolitíase, diurética, antimicrobiana e antioxidante. Além disso, a medicina tradicional marroquina utilizou-a também para tratar afecções como a dvskinesia biliar, a urolitíase e como diurético.

Apesar desta utilização tradicional, há poucos estudos aprofundados que avaliem cientificamente as diferentes aplicações e benefícios desta planta.

CAPÍTULO II

Estado da arte sobre nanopartículas

II. Introdução

^O prefixo "nano", de origem grega, significa "anão", e é ий ë para designar o domínio do infinitamente pequeno [46]. A escala cara^rística varia aproximadamente de 1 a 100 nanómetros (nm). De facto, estamos a falar aqui de materiais extremamente pequenos à escala do nanómetro. Isto equivale a 1/100 da largura uma molécula de ADN ou a 1/50000 da espessura de um cabelo humano [47]. O mundo das nanociências e das nanotecnologias, conhecido como "nanomundo", suscita um interesse sem precedentes por parte de instituições governamentais, centros de investigação, universidades públicas e privadas, bem como de certas empresas, que estudam estes recursos fundamentais à escala mundial. A nanociência e a nanotecnologia são áreas de investigação da ciência dos materiais que se centram na manipulação e utilização da matéria à escala nanométrica. Estas áreas de investigação tornaram-se cada vez mais importantes e populares nas últimas décadas devido ao seu potencial revolucionário para a medicina, a eletrónica, a energia, o ambiente e muitos outros domínios. O desenvolvimento tecnológico da nanociência envolve a utilização de nanomateriais e objectos para criar estruturas, dispositivos e sistemas. Estes materiais à nanoescala apresentam propriedades quânticas, superficiais, físicas e químicas específicas que diferem dos materiais a granel correspondentes.

No entanto, é importante notar que esta tecnologia nanocientífica está ainda a dar os primeiros passos, sendo difícil estimar e acompanhar com certeza os futuros avanços científicos e tecnológicos [31].

III. Aspectos históricos

As nanopartículas têm sido utilizadas desde a época romana para a coloração decorativa do vidro. No entanto, nessa altura, o próprio conceito de nanopartículas era desconhecido [32].

Surpreendentemente, a nanotecnologia foi amplamente utilizada na região da Ática já no século VI a.C. [33]. Durante os períodos Arcaico e Clássico (cerca de 620-300 a.C.), a produção de vasos dëcorës nesta região atingiu alturas artísticas notáveis graças a uma técnica de fabrico altamente inovadora. Como parte desta técnica, nanopartículas de espinélio foram formadas dentro de uma camada vítrea com alguns micrómetros de espessura [34].

O vermelho celta ëтаих, datado de 400 *a* 100 a.C., continha nanopartículas de cobre e de óxido cuproso, enquanto a maioria das tesselas vermelhas utilizadas nos mosaicos romanos ëtinha sido feita de vidro contendo nanocristais de cobre [35], [36].

Entre 1066 e 1485 d.C., surgiram ëmesh cëramics com efeitos ópticos impressionantes, conseguindo a sua beautyë através da utilização de nanopartículas mëtálicas [37].

Nas antigas mëdecinas indianas e chinesas, o ouro solúvel era usado terapeuticamente, contendo nanopartículas de ouro mëlangëed para partículas maiores [38]. No entanto, as civilizações antigas não compreendiam as propriedades únicas e o potencial das suas preparações tal como as compreendemos atualmente [39].

Uma revolução na nanotecnologia começou com o trabalho de Faraday sobre o ouro coloidal em 1857, que o interesse pelas nanopartículas metálicas [40]. Em 1959, numa confëncia, o físico Richard Feynman dëclara: "Os princípios da física, tanto quanto podemos dizer, não se opõem à possibilidade de manipular as coisas átomo a átomo." Esta afirmação abriu caminho

para que a comunidade científica explorasse o universo do infinitamente pequeno [33].
O termo "nanotecnologia" foi cunhado pela primeira vez em 1974 por Norio Tanigushi, embora tenha sido utilizado anteriormente por Eric Drexler no seu livro de 1986 "Engines of Creation: The Coming Era of Nanotechnology" [41]. A história da nanotecnologia tem registado uma evolução fascinante, marcada por algumas descobertas fundamentais:

> **1981:** Desenvolvimento do microscópio eletrónico de túnel de varrimento, que permite a manipulação de átomos individuais.

> **1985:** Descoberta do fulereno, uma estrutura circular de 60 átomos de carbono (C60).

> **1992:** Identificação dos nanotubos de carbono, que são mais fortes do que o aço e utilizados em aplicações como a administração de medicamentos e o armazenamento e transmissão de energia.

> **1993:** Descoberta dos pontos quânticos, que possuem propriedades ópticas interessantes.

> **2000:** Fabrico de nanopartículas passivas utilizadas numa variedade de aplicações, incluindo células de nano-combustível e cosméticos.

> **2005:** Desenvolvimento de nanopartículas activas para alvos de medicamentos e outras estruturas adaptativas.

Estes marcos ëtêm lraeë o caminho explorar o infinitamente pequeno e abriram perspectivas excitantes para o futuro da nanotecnologia.

IV.. Definições

IV.1. 1. Nanociências

A nanociência é um campo interdisciplinar que se centra na conceção e criação de sistemas funcionais a uma ëchel le molecular ou atómica. É consideradoërë um ramo importante da ciência, oferecendo a capacidade^ de compreender, manipular e explorar a matéria à escala atómica [42]. Fundamentalmente, a nanociência tem por objetivo explorar e explorar as propriedades e comportamentos únicos da matéria a níveis extremamente pequenos. Dado que tudo o que constitui a matéria é constituído átomos e moléculas, a nanociência estende-se potencialmente a todos os domínios da ciência e da tecnologia, oferecendo perspectivas incrivelmente vastas para aplicações inovadoras e avanços tecnológicos revolucionários.

IV.2. 2. Nanotecnologia

As nanotecnologias representam a grande inovação tecnológica do século XXI e são consideradas por muitos espëcialistas como o elemento ЬIё uma nova era industrial, a das tecnologias do pequeno [43]. O ramo da nanotecnologia centra-se em particular no estudo dos processos que ocorrem ao nível molecular e à escala nanométrica. O principal objetivo desta disciplina é sintetizar novas nanopartículas de vários tamanhos e morfologias. No entanto, as nanotecnologias não se limitam a uma simples miniaturização; são frequentemente caracterizadas pela integração de novas leis emergentes de comportamento que dominam o funcionamento dos objectos produzidos[44].
A nanotecnologia é uma área de investigação essencial no contexto da investigação avançada, com aplicações potenciais em vários sectores. O seu notável crescimento está a abrir novas perspectivas tanto a nível aplicado como fundamental, particularmente na síntese de materiais à escala nanométrica e na compreensão das suas fascinantes propriedades ópticas e físico-químicas [45].

IV.3. 3. Nanomateriais

Os nanomateriais são materiais compostos, no todo ou em parte, por nano-objectos, que possuem propriedades específicas devido ao seu tamanho. Estes nanomatëriais podem ser classificados em três catëgorias distintas [1]:

❖ Materiais que incorporam nano-objectos numa matriz orgânica ou moral para proporcionar novas funcionalidades ou modificar as propriedades mecânicas, ópticas, magnéticas ou térmicas.

❖ Materiais cuja superfície é nanoestruturada para conferir propriedades como a resistência à abrasão ou a hidrofilicidade, ou para proporcionar novas funcionalidades, como a aderência e a скп'сЧё.

❖ Materiais cuja estrutura intrínseca é nanoestruturada em volume, o que lhes confere propriedades físicas específicas.

III.4. Nanopartículas

As nanopartículas são conjuntos estruturados de centenas a milhares átomos que formam objectos com pelo menos uma dimensão entre 1 e 100 nm. Estes nano-objetos localizam-se na interface das escalas macroscópica (matëriau **de massa**) e molecular (ou atómica) [46]. Por consëquência, esta dëfinição exclui os objectos cujas dimensões mais pequenas se situam entre 100 e 1000 nm. Embora estas partículas tenham dimensões nanomëtricas, são designadas por partículas submicrónicas. Em comparação com as estruturas orgânicas naturais, as nanopartículas encontram-se maioritariamente na gama de tamanhos correspondente às protëinas (Figura II.1) [47].

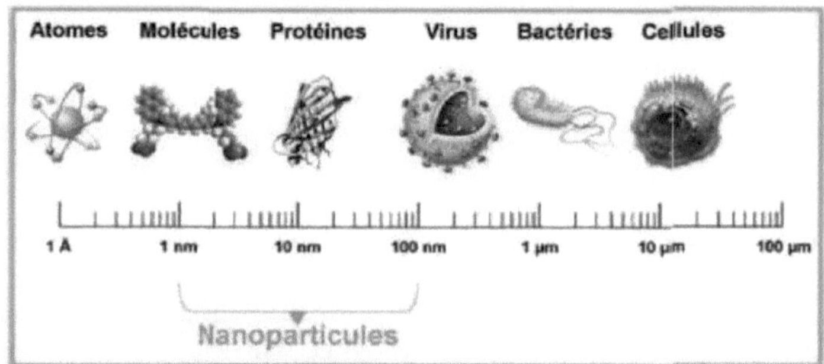

Figura II. 1: Gama de tamanhos das nanopartículas em comparação com as principais estruturas químicas e biológicas

estruturas químicas e biológicas.

A maioria dos materiais à escala micrónica tem as mesmas propriedades físicas que os materiais a granel.

^Por outro lado, *a* ГёсЬеПе паnотёй ие, elas podem ter propriëtës físicas muito diferentes dos matëriais a granel. Estas diferenças conferem às nanopartículas propriedades particulares [48]. ^Como tal, são consideradasërës como blocos de construção de novos дё тO:^ em vários campos como a química, física, lklectrónica, mëcanics e biotecnologia [44], [49].

IV. Classificação das nanopartículas

As nanopartículas podem ser classificadas de diferentes formas, de acordo com vários critérios, tais :

- A sua composição química,
- O seu tamanho ou forma,
- A sua estrutura e origem.

IV.1 Classificação das nanopartículas de acordo com o seu tamanho

Os nanomateriais podem ser classificados de acordo com diferentes critérios, tais como as suas dimensões, composição química, propriedades específicas ou aplicações. ^Aqui estão as classificações дё гакэ de acordo com as dimensões dos nanomatëriais [50]:

IV.1.1. Nanopartículas de dimensão 0 (0D)

Os nanomatëriais de dimensão 0, ёдalement appeks nanomatëriaux 0D, são matëriais de escala nanométrica que não têm dimensões ëtendidas no espaço. Por outras palavras, são matëriais que são conings a um ponto ou estrutura sem extensão espacial significativa. O termo "nanomatëriais de dimensão 0" pode parecer contra-intuitivo, uma vez que se supõe que os nanomatëriais são pequenas partículas ou estruturas em todas as dimensões (comprimento, largura, altura). No entanto, no contexto dos nanomateriais, a noção de dimensionalik pode ser diferente. Exemplos comuns de nanomatëriais 0D incluem:

^^**4- Nanopartículas:** partículas individuais de qualquer tamanho à escala nanométrica (alguns nanómetros ou menos). Podem ser compostas por vários materiais, tais como nanopartículas de ouro, prata, dióxido de silício, etc. As nanopartículas apresentam frequentemente propriedades únicas devido ao seu pequeno tamanho.

4- Pontos quânticos: São nanopartículas semicondutoras que possuem propriedades ópticas e ëlectrónicas especiais devido ao seu confinamento quântico. São utilizadas em aplicações como ecrãs avançados e imagiologia biomédica.

4- Aglomerados atómicos: um agregado de um pequeno número átomos (geralmente algumas dezenas) formando um conjunto coerente, mas sem a estrutura periódica dos cristais. Os aglomerados metálicos suscitaram um grande interesse devido às suas propriedades catalíticas e ópticas.

4- Moléculas individuais: Algumas moléculas podem ser consideradas como nanomateriais de dimensão zero devido ao seu tamanho nanométrico e às suas propriedades únicas a esta escala.

Os nanomateriais 0-dimensionais **(0D**) desempenham um papel vital na nanotecnologia e têm uma vasta gama aplicações em eletrónica, medicina, energia e materiais avançados. Devido à sua dimensão à escala nanométrica, apresentam frequentemente propriedades diferentes das dos seus homólogos maiores, abrindo a porta a novas aplicações e tecnologias.

IV.1.2. Nanopartículas de dimensão 1 (1D)

Também conhecidos como nanomateriais unidimensionais, são materiais à escala nanométrica em que uma dimensão se estende numa direção, mas as outras duas dimensões são restritas ou muito limitadas. Por outras palavras, são materiais com uma estrutura unidimensional. Exemplos comuns de nanomateriais 1D incluem :

4- Nanofios: São materiais alongados com diâmetros nanométricos, mas que podem ser mais longos numa direção. Os nanofios podem ser feitos de diferentes materiais, como o silício, o carbono, o zinco, etc. São utilizados numa variedade de aplicações, incluindo dispositivos electrónicos, sensores e células solares.

4- Nanotubos: Os nanotubos são estruturas ocas formadas por folhas enroladas de grafeno. Podem ser monocamadas ou multicamadas, com diâmetros nanométricos e comprimentos variáveis.

4- Nanofibras: As nanofibras são fibras finas, unidimensionais, com um diâmetro de nanómetros. Podem ser fabricadas a partir de uma variedade de materiais, incluindo polímeros, óxidos metálicos e proteínas. As nanofibras são utilizadas em domínios como a filtração, os materiais compósitos e a regeneração dos tecidos.

4- As nanofitas: são estruturas alongadas de espessura atómica que podem ser fabricadas a partir de materiais como o grafeno ou o bissulfureto de molibdénio. As nanofitas têm propriedades electrónicas interessantes e podem ser utilizadas em dispositivos electrónicos ultrafinos.

Os nanomateriais unidimensionais apresentam propriedades únicas devido à sua estrutura unidimensional, o que os pode tornar úteis em várias aplicações nano-electrónicas, ópticas e biomédicas. O controlo preciso do seu tamanho, forma e propriedades é uma área ativa de investigação em nanotecnologia.

IV.1.3. Nanopartículas de dimensão 2 (2D)

Os nanomateriais bidimensionais, também conhecidos como nanomateriais 2D, são materiais à nanoescala com duas dimensões alargadas e uma dimensão muito fina ou finita. Por outras palavras, são materiais com uma estrutura bidimensional formada por camadas atómicas. Os exemplos mais conhecidos de nanomateriais 2D são os matëriais 2D como :

4- **Grafeno:** O grafeno é uma camada única de átomos de carbono dispostos numa rede hexagonal bidimensional. É muito forte, flexível e excelentes propriedades ëlectrônicas, tornando-o útil em uma variedadeëtë de aplicações, incluindo eletrônica, catálise e compósitos.

4- **Dissulfureto de molibdénio (MoS2):** o dissulfureto de molibdénio é um material bidimensional constituído uma camada de molibdénio e duas camadas de enxofre. também excelentes propriedades ëtës ëlectrónicas e é utilizado em dispositivos opto-ëlectrónicos e sensores.

4- **Nitreto de boro hexagonal (h-BN):** O nitreto de boro hexagonal é uma estrutura bidimensional semelhante ao graphëne, mas com átomos de boro e azoto. ^^ É amplamente utilizado como isolante térmico e ëк нд em equipamentos ëlectrónicos.

4- **Disselenieto de tungstênio (WSe2):** O disëlënieto de tungsténio é outro matërial 2D com interessantes propriëtës ópticas e ëlectrónicas. As suas aplicações em dispositivos ëlectrónicos e fotónicos são ëtudiëes.

Os nanomateriais bidimensionais têm atraído um grande тlërël: interesse na investigação em nanotecnologia devido às suas propriedades únicas à escala atómica e ao seu potencial para criar novas tecnologias e aplicações. As propriedades destes materiais são fortemente influenciadas pelo seu tamanho, forma e número de camadas, pelo podem ser adaptados para satisfazer necessidades específicas em vários domínios da ciência dos materiais.

IV.1.4. Nanopartículas de dimensão 3 (3D)

Os nanomatëriais tridimensionais, ë também conhecidos como nanomatëriais 3D, são matëriais em nanoescala com dimensões ëtendidas nas três direcções do espaço. Ao contrário dos nanomatëriais 0D, 1D e 2D, que têm estruturas unidimensionais ou bidimensionais, os nanomatëriais 3D têm estruturas tridimensionais. Os nanomatëriais 3D podem ser nanoestruturas sólidas com dimensões nanométricas nas três direcções, ou matëriais nanoestruturais com organização nanométrica específica, como nanocristais, nanocompósitos, nanopós, etc. Eis alguns exemplos de nanomatëriais 3D:

4- **Nanopartículas tridimensionais:** Estas nanopartículas têm dimensões nanomëtricas nas três direcções. Podem ser compostas por vários materiais, tais como nanopartículas de sílica, nanopartículas de titânio, nanopartículas de ouro, etc. As nanopartículas tridimensionais têm uma vasta gama aplicações, incluindo catálise, libertação controlada de fármacos e imagiologia médica.

4- **Nanocompósitos:** Os nanocompósitos 3D são matëriais compostos por nano cargas dispersas numa matriz. Estes nanoenchimentos podem assumir a forma de nanopartículas, nanotubos, nanofibras, etc.

Devido à presença de nano cargas, os nanocompósitos podem ter propriedades melhoradas em comparação com os materiais tradicionais.

4- Nanopó: O nanopó é um material sólido puhrrulento com partículas nanométricas. Estes nanopós podem ser utilizados para fabricar materiais cerâmicos avançados, revestimentos, tintas condutoras e muitos outros produtos.

4- Nanocristais: Os nanocristais são cristais sólidos que têm dimensões nanométricas nas três dimensões. Podem ser semicondutores, metais ou isolantes e são normalmente utilizados em aplicações electrónicas e ópticas, como os díodos quânticos emissores de luz (LED).

Os nanomateriais 3D oferecem novas possibilidades para a engenharia de materiais devido às suas propriedades únicas à escala nanométrica. O controlo preciso do tamanho, da morfologia e da composição destes materiais é essencial para concretizar todo o seu potencial em vários domínios, como a eletrónica, a medicina e a energia.

IV.2 Classificação das nanopartículas de acordo com as suas fontes

IV.2.1. Nanopartículas de origem natural e/ou antropogénica

Uma grande parte das nanopartículas presentes no ambiente provém de processos naturais, embora as quantidades sejam geralmente inferiores às emissões de nanopartículas produzidas pelo homem. Estas partículas, frequentemente designadas por partículas ultrafinas, provêm de incêndios florestais, erupções vulcânicas, relâmpagos e outros fenómenos naturais. Fazem parte integrante do ambiente desde o nascimento da Terra. As nanopartículas atmosféricas correspondem geralmente a aerossóis com um amplo espetro de dimensões, que inclui também nanopartículas que formam o extremo inferior do espetro [51].

As nanopartículas artificiais dividem-se em duas grandes categorias: nanopartículas acidentais e nanopartículas artificiais. As nanopartículas produzidas acidentalmente são heterogéneas em tamanho e forma; são produzidas pela combustão de combustíveis fósseis (gasolina, gasóleo, carvão e propano), pela extração mineira em grande escala e pela queima de florestas agrícolas. As nanopartículas fabricadas são partículas especialmente concebidas, cujo tamanho, forma e composição são controlados com precisão. Podem mesmo conter várias camadas (por exemplo, nanopartículas de ouro revestidas com nanopartículas de sílica porosa carregadas com fármacos) [52].

IV.2.2. Nanopartículas fabricadas

Diz-se que os nanomateriais são criados quando os seres humanos os produzem intencionalmente e os introduzem no ambiente. Em geral, estes correspondem inicialmente a partículas cujos espectros são monodispersos, ou seja, centrados numa dimensão com baixa dispersão [53]. Deve também considerar-se que as nanopartículas fabricadas podem representar um caso especial, dado que podem ser concebidas para ter propriedades superficiais específicas e produtos químicos (de superfície) que susceptíveis de existir em partículas naturais. Consequentemente, podem ter propriedades físico-químicas ou toxicológicas novas ou amëiorëes em comparação com as nanopartículas naturais [51], [54].

IV.3 Classificação das nanopartículas de acordo com a sua composição química

As nanopartículas podem ser classificadas de acordo com a sua composição química. Apresentamos uma classificação дёгегэк de acordo com os principais tipos de matrizes que constituem as nanopartículas: nanopartículas à base de carbono, nanopartículas orgânicas e inorgânicas.

IV.3.1. Nanopartículas orgânicas

IV.3.1.1. Polímeros orgânicos

Muitos polímeros orgânicos comuns podem ser preparados como nanofios. Também foram sintetizadas novas estruturas, como os dendrimëres, que representam uma nova classe de polimëres com estruturas controladas e dimensões nanométricas. Estas partículas são biodëgradáveis, não tóxicas e sensíveis à radiação térmica e ëlectromagnëtica (por exemplo, calor e luz) [55].

IV.3.1.2. Nanopartículas de inspiração biológica

As nanopartículas bioinspiradas são estruturas muito diversas, mas frequentemente montadas, nas quais a matéria biológica é encapsulada, piëgëed ou absorvida em superfícies. Em particular, os lípidos, os péptidos e os polissacáridos são utilizados como transportadores para a administração orientada de medicamentos, receptores, agentes químicos em imagiologia médica e mesmo ácidos nucleicos [56].

IV.3.2. Nanopartículas inorgânicas

As nanopartículas inorgânicas são partículas que não são constituídas por carbono. Podem ser classificadas como pontos quânticos, metais e óxidos mëtálicos.

IV.3.2.1. Metais

As nanopartículas metálicas inorgânicas são nanopartículas compostas por materiais metálicos. Estes materiais são constituídos por elementos metálicos puros ou pelas suas ligas e podem ter uma grande variedade de propriedades físicas e químicas, consoante o metal ou a liga utilizada.

Eis alguns exemplos comuns de nanopartículas inorgânicas de metal[57] :

4- **Nanopartículas de ouro (Au):** As nanopartículas de ouro são amplamente utilisëadas devido à sua excelente estabilidade química, biocompatibilidade e propriëtës ópticas únicas, incluindo a sua capacidade de absorver e emitir luz. São utilizados em aplicações que vão desde as nanotecnologias médicas (imagiologia e terapia) até aos materiais catalíticos[13], [58].

4- **Nanopartículas de prata (Ag):** As nanopartículas de prata são conhecidas pela sua atividade antimicrobiana e são utilizadas em aplicações médicas e antibacterianas. Têm também propriedades ópticas interessantes e são utilizadas em tecnologias de imagiologia e sensores [3], [58], [59].

4- **Nanopartículas de platina (Pt):** A platina é um material catalítico valioso e é utilizada como catalisador em muitas reacções químicas, como a hidrogenação e a eletrólise. As nanopartículas de platina são também utilizadas em dispositivos energéticos, como as células de combustível[57].

4- **Nanopartículas de cobre (Cu):** O cobre é um excelente condutor elétrico, e as nanopartículas de cobre são utilizadas em aplicações electrónicas, particularmente no fabrico de circuitos impressos e materiais condutores[60].

4- **Nanopartículas de ferro (Fe):** O ferro é um material magnético muito utilizado, e as nanopartículas de ferro são utilizadas em aplicações magnéticas, tais como materiais de armazenamento de dados e agentes de contraste para imagiologia médica[61].

4- **Nanopartículas de níquel (Ni):** O níquel é utilizado em aplicações industriais, nomeadamente na produção de ligas resistentes à corrosão e na indústria metalúrgica[9], [62].

4- **Nanopartículas de titânio (Ti):** O dióxido de titânio (TIO2) é um material comum utilizado em protectores solares e revestimentos devido às suas propriedades de proteção UV e resistência à radiação ultravioleta[63].

Estas nanopartículas metálicas inorgânicas desempenham um papel crucial em muitos domínios da ciência e da tecnologia devido às suas propriedades únicas à nanoescala. Ao controlar o tamanho, a forma e a superfície das nanopartículas metálicas, as suas propriedades podem ser adaptadas para satisfazer necessidades específicas em aplicações que vão desde a medicina e a eletrónica até à energia e à catálise.

IV.3.2.2. Óxidos metálicos

As nanopartículas inorgânicas de óxidos de mëtaШque são nanopartículas composëes de тёгаих matëriais que são predominantemente constituídas por óxidos de mëtal. Os óxidos metálicos são formados quando os metais reagem com Гсхудёнс, produzindo compostos inorgânicos sólidos que são geralmente estáveis e exibem uma ampla gama de propriedades interessantes.

Eis alguns exemplos comuns nanopartículas inorgânicas de óxidos metálicos[4], [37] :

4- Nanopartículas de óxido de zinco (ZnO): O dióxido de zinco é um óxido metálico amplamente utilizado numa variedade de aplicações, incluindo protectores solares pelas suas propriedades de proteção UV, materiais antibacterianos, dispositivos electrónicos e catalisadores.

4- Nanopartículas de óxido de titânio (TiOi): O dióxido de titânio é um óxido metálico excelentes propriedades fotocatalíticas e é utilizado em revestimentos autolimpantes, painéis solares, materiais antibacterianos e na degradação de poluentes no ambiente.

4- Nanopartículas de óxido de ferro (FeiOs): O óxido de ferro é utilizado em aplicações magnéticas, tais como agentes de contraste para imagiologia médica (MRI) e transportadores para a administração de medicamentos direcionados.

4- Nanopartículas de óxido de cobre (CuO): O óxido de cobre é utilizado em materiais antibacterianos, catalisadores, dispositivos electrónicos e sensores.

4- Nanopartículas de óxido de níquel (NiO): O óxido de níquel é utilizado em catalisadores, baterias e aplicações magnéticas.

4- Nanopartículas de óxido de silício (SiOi): O óxido de silício é normalmente utilizado como material dielétrico em dispositivos electrónicos e componentes ópticos.

As nanopartículas inorgânicas de óxidos metálicos são muito procuradas pelas suas propriedades únicas à escala nanométrica. Devido à sua grande área de superfície específica e à sua elevada reatividade química, têm aplicações em muitos domínios, incluindo a medicina, a eletrónica, a energia, o ambiente e a catálise. O controlo do tamanho, da morfologia e das propriedades da superfície destas nanopartículas permite que sejam adaptadas para *satisfazer* necessidades específicas em diferentes aplicações tecnológicas e industriais. **[33]**.

IV.3.2.3. Pontos quânticos (QD)

As nanopartículas inorgânicas de pontos quânticos, também conhecidas por pontos quânticos (QD), são nanopartículas semicondutoras compostas por materiais inorgânicos que possuem propriedades quânticas únicas. Os pontos quânticos são frequentemente muito pequenos, geralmente da ordem de alguns nanómetros, e o seu comportamento eletrónico é altamente confinado em três dimensões (36).

Eis algumas caraterísticas importantes das nanopartículas inorgânicas de pontos quânticos:

4- Propriedades ópticas únicas: os pontos quânticos propriedades de emissão e absorção de luz muito específicas. O seu tamanho controlado significa que a cor da luz que absorvem e emitem pode ser ajustada com precisão. Isto torna-os úteis em aplicações de imagiologia, ecrãs de alta resolução e sensores ópticos.

4- Hiato de banda quantizado: Devido ao seu tamanho nanométrico, os pontos quânticos têm um hiato de banda eletrónico quantizado. Esta caraterística permite controlar os níveis de energia eletrónica, tornando-os úteis em aplicações de transístores e dispositivos optoelectrónicos.

4- Elevada estabilidade fotoluminescente: As nanopartículas de pontos quânticos inorgânicos apresentam uma elevada intensidade de luminescência e estabilidade fotoluminescente, o que as torna promissoras para a imagiologia em tempo real e a marcação biológica.

4- Propriedades de deteção: Devido à sua sensibilidade às alterações do seu ambiente químico e físico, os pontos quânticos são utilizados como sondas em aplicações de deteção, tais como a deteção de biomoléculas e de poluentes.

Os materiais habitualmente utilizados para produzir nanopartículas de pontos quânticos inorgânicos incluem o sulfureto de cádmio (CdS), o selénio de cádmio (CdSe), o sulfureto de zinco (ZnS), o dissulfureto de chumbo (PbS) e outros semicondutores inorgânicos.

As nanopartículas inorgânicas de pontos quânticos são muito investigadas devido à sua vasta gama potenciais aplicações em eletrónica, ótica, medicina e tecnologia da informação. No entanto, devido à sua composição e tamanho nanométrico, a sua utilização deve ser cuidadosamente ëtudiëada para ëavaliar a sua тпосийё e impacto na saúdeë e 1 ambiente. [37].

IV.3.3. Nanopartículas à base de carbono

As nanopartículas à base de carbono são nanopartículas compostas principalmente por carbono. O carbono é um ëlëment fundamental que pode formar estruturas em muitas configurações diferentes, resultando numa variëtë de nanomateriais à base de carbono com propriëtës únicas. Alguns exemplos comuns de nanopartículas à base de carbono incluem (Figura II.2) [64], [65], [66].

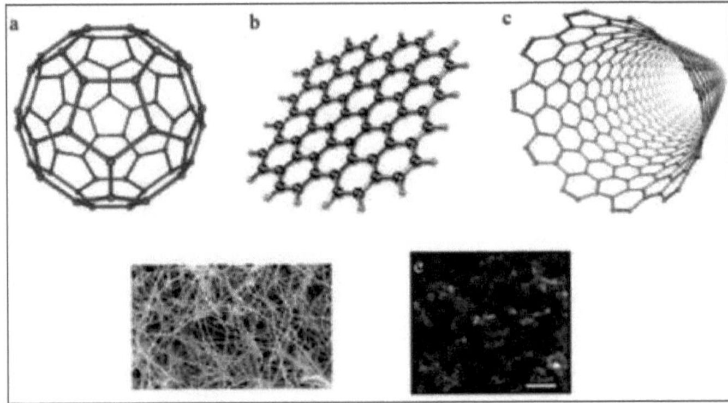

Figura II. 2: Nanopartículas à base de carbono: a - fulerenos, b - grafeno, c - nanotubos de carbono, d - nanofibras de carbono e e - negro de carbono.
d - nanofibras de carbono e e - negro de fumo.

IV.3.3.1. Fulerenos (C60)

O fulereno é uma estrutura esférica ou semelhante a uma gaiola, **composta** átomos de carbono dispostos em polidrómios regulares. O fulereno mais conhecido é o C60, composto por 60 átomos de carbono. Os fulerenos têm atraído uma atenção generalizada devido às suas propriedades únicas, particularmente como antioxidantes e medicamentos.

IV.3.3.2. Nanofolhas de grafeno

O grafeno é um material composto por uma única camada de átomos de carbono dispostos numa estrutura em favo de mel. É conhecido pelas suas excelentes propriedades, como a elevada condutividade eléctrica e térmica, a resistência mecânica e a leveza. O grafeno tem aplicações potenciais em eletrónica, materiais compósitos, baterias e outros domínios.

IV.3.3.3. Nanotubos de carbono

Os nanotubos de carbono (CNT) são estruturas cilíndricas ocas formadas pela dobragem de folhas de grafeno, que conferem a estes materiais propriedades únicas e notáveis. São frequentemente integrados para reforçar a estrutura de materiais compósitos, melhorando a sua resistência e leveza. Além disso, a sua elevada condutividade eléctrica torna-os elementos-chave na conceção de sensores sensíveis e de dispositivos electrónicos avançados, contribuindo para os avanços tecnológicos. Para além destas aplicações, a sua biocompatibilidade e capacidade de interagir com tecidos biológicos abre perspectivas promissoras no domínio biomédico, oferecendo possibilidades inovadoras na administração de medicamentos específicos e na criação de materiais para a regeneração de tecidos. Os nanotubos de carbono representam um avanço significativo no mundo dos nanomateriais, oferecendo um imenso potencial para uma vasta gama de aplicações, desde a engenharia de materiais à medicina **[36]**.

IV.3.3.4. Nanofibras de carbono

As nanofibras de carbono são nanoestruturas alongadas de carbono. São uma única camada de carbono disposta numa estrutura cilíndrica ou tubular. Quando as nanofibras de carbono são pequenas e têm propriedades específicas, são por vezes designadas por nanotubos de carbono (CNT). As nanofibras de carbono podem ser classificadas em duas categorias principais:

4- Nanofibras de carbono de parede simples (SWCNT): são nanotubos de carbono enrolados a partir de uma única camada de grafeno, formando um cilindro oco. Os nanotubos de carbono de parede simples têm um diâmetro na gama dos nanómetros, geralmente da ordem de alguns nanómetros, mas podem ser muito longos, atingindo vários micrómetros ou mesmo milímetros. Os nanotubos de carbono de parede simples têm propriedades electrónicas e mecânicas únicas que os tornam muito interessantes para aplicações em dispositivos electrónicos, sensores, materiais compósitos, etc.

4- Nanofibras de carbono de paredes múltiplas (MWCNT): são nanotubos de carbono constituídos por várias camadas de grafeno enroladas à volta de um núcleo central. As nanofibras de carbono de paredes múltiplas são ligeiramente maiores em diâmetro do que os nanotubos de carbono de parede simples e podem também ser muito longas e flexíveis. Os nanotubos de carbono de paredes múltiplas têm propriedades electrónicas e mecânicas, e as suas aplicações são semelhantes *às* dos nanotubos de carbono de parede simples, podendo também ser utilizados em catálise, eletroquímica e materiais de reforço.

^^^ As nanofibras de carbono podem ser produzidas por vários métodos, tais como a descarga eléctrica (arc ë ň ou arc mëthod) e a deposição química de vapor (CVD). O seu tamanho, estrutura e propriedades podem ser ajustados através do controlo dos parâmetros de síntese.

IV.3.3.5. Nano-chifres de carbono

Nanohorn de carbono: Os nanohorns de carbono são estruturas em forma de chifre compostas por camadas de enrolamento de grafeno. Têm propriëtës excecionais e são ëtudiës para aplicações na entrega de medicamentos, catalisadores e compósitos. **[34]**

V. Propriedades das nanopartículas

V.1 Propriedades da superfície

As propriedades de superfície das nanopartículas são críticas e desempenham um papel importante em muitas aplicações. Devido ao seu pequeno tamanho, as nanopartículas têm uma área de superfície relativamente grande em comparação com o seu volume, o que torna as suas propriëtës de superfície particularmente importantes *(Tabela II. 1) [71]*. Apresentam-se de seguida algumas importantes propriedades de superfície das nanopartículas [67], [68]:

Tabela II. 1: Relação entre o tamanho das partículas e o número átomos na superfície.

Tamanho das partículas (nm)	Número de átomos por partícula	Percentagem do número átomos na superfície das partículas (%)
10	3.104	20
5	4,2.103	50
4	4.103	60
2	2,5.102	80
1	30	99

4- **Grande área de superfície específica:** A elevada área de superfície específica das nanopartículas permite-lhes interagir mais fortemente com outras moléculas e materiais do que as partículas maiores. Aumento da reatividade química: A grande área de superfície específica das nanopartículas confere-lhes uma reatividade química superior à dos materiais a granel. Os átomos e as ligações na superfície das nanopartículas são mais propensos a reacções químicas, o que as pode tornar mais reactivas e melhorar as suas capacidades catalíticas.

4- **Adsorção e absorção:** as nanopartículas podem adsorver (aderir) moléculas ou gases à sua superfície. Isto pode ser utilizado para detetar contaminantes, separar gases e líquidos e administrar medicamentos.

4- **Fenómeno de ressonância plasmónica:** certas nanopartículas metálicas, como as nanopartículas de ouro ou de prata, podem apresentar propriedades de ressonância plasmónica nas superfícies em resposta à luz. Estas propriedades ópticas únicas são utilizadas em domínios como a espetroscopia, os sensores ópticos e a imagiologia.

4- **Estabilidade e aglomeração:** as propriedades da superfície podem afetar a estabilidade das nanopartículas. Um revestimento de superfície adequado evita a sua aglomeração e mantém-nas dispersas, o que é importante para aplicações que requerem uma distribuição uniforme.

4- **Toxicidade:** A superfície das nanopartículas pode também desempenhar um papel nas interações com as células e os organismos vivos, o que tem implicações importantes na sua potencial toxicidade.

4- **Modificação da superfície:** As propriedades da superfície das nanopartículas podem ser modificadas através da adição de revestimentos ou da funcionalização das suas superfícies com grupos químicos específicos. Isto permite controlar e otimizar a sua interação com o ambiente.

Devido à importância das propriedades da superfície, a conceção e a manipulação de nanopartículas para aplicações específicas requerem frequentemente a consideração da modificação da superfície para obter as propriedades desejadas, minimizando os efeitos indesejáveis.

V.2 Propriedades ópticas

As nanopartículas têm propriedades ópticas muito surpreendentes. Quando exposto à luz solar, o objeto produziu um reflexo vermelho devido às nanopartículas de ouro (Figura II.3) [69]. O ouro puro é amarelo porque absorve o azul, mas pode aparecer vermelho no seu estado nano. Além disso, como as nanopartículas são mais pequenas do que o comprimento de onda da luz visível, a dispersão da luz pelas partículas torna-se insignificante. Na presença de um campo magnético optoelectrónico, os electrões livres das nanopartículas metálicas são excitados. Este fenómeno de ressonância ocorre em comprimentos de onda específicos, em função da matriz: a cor da suspensão depende do tamanho e da forma das nanopartículas (esfera, nanotubo) [70], [71].

Figura II. 3: A secção de Lycurgus.

V.3. Propriedades electrónicas

As nanopartículas metálicas têm propriedades electrónicas únicas devido à sua pequena dimensão e estrutura quântica. Eis algumas das propriedades electrónicas importantes das nanopartículas metálicas [44], [72]:

4- Efeito de tamanho quântico: quando o tamanho das nanopartículas metálicas é comparável ao comprimento de onda de Fermi dos electrões no interior do material, os níveis de energia dos electrões são quantificados. Isto leva a bandas discretas de energia dos electrões, o que significa que níveis de energia permitidos para os electrões nas nanopartículas se tornam discretos em vez de contínuos, como é o caso dos materiais a granel. Este efeito é conhecido como o efeito de tamanho quântico.

4- Aumento da energia de banda: à medida que o tamanho das nanopartículas metálicas diminui, aumenta a energia de banda, ou seja, o aumento da energia necessária para que um eletrão passe de um nível de energia permitido para outro. Isto significa que as nanopartículas metálicas mais pequenas podem apresentar de energia de electrões mais elevados, tornando-se assim mais reactivas ou apresentando propriedades ópticas diferentes das do material a granel.

4- Plasmões de superfície: as nanopartículas metálicas podem sustentar oscilações colectivas de electrões, denominadas plasmões de superfície. Estes plasmões de superfície são ondas de densidade eletrónica que podem ser excitadas por fotões incidentes na superfície das nanopartículas e conferem às nanopartículas metálicas propriedades ópticas interessantes, tais como cores específicas, que podem encontrar aplicações em imagiologia e sensores, e aplicações nanofotónicas.

4- Catalisadores melhorados: as nanopartículas metálicas oferecem um melhor desempenho catalítico devido à sua grande área de superfície específica e ao efeito de tamanho quântico, permitindo uma interação mais eficaz com os reagentes. Devido a estas propriedades electrónicas únicas, as nanopartículas metálicas são amplamente utilizadas em catálise, eletrónica, fotónica, nanomateriais compósitos, nanomedicina e outros domínios. É de notar, contudo, que as propriedades electrónicas das nanopartículas metálicas são sensíveis à sua dimensão, forma, composição e ambiente, o que deve ser tido em conta quando são utilizadas em aplicações específicas.

V.4. Propriedades mecânicas

As propriedades mecânicas das nanopartículas metálicas são também afectadas pela sua pequena dimensão e estrutura quântica. Algumas propriedades mecânicas importantes das nanopartículas metálicas são as seguintes [73], [74]:

4- Resistência: As nanopartículas metálicas têm uma elevada resistência mecânica, significa que podem suportar cargas e tensões enormes sem se deformarem ou partirem. Estas propriedades são frequentemente necessárias em aplicações onde a resistência mecânica é crítica, como no fabrico de materiais compósitos.

4- Ductilidade: A ductilidade refere-se *à* capacidade de um material sofrer uma deformação plástica significativa antes de fraturar. À nanoescala, as nanopartículas metálicas podem perder alguma ductilidade devido a efeitos de tamanho quântico, o que pode levar a uma maior fragilidade em comparação com os materiais a granel.

4- Dureza: A dureza é uma medida da capacidade de um material resistir à propagação de fissuras. Devido ao tamanho e à estrutura superficial das nanopartículas metálicas, a sua tenacidade difere da dos materiais sólidos, tornando-as mais ou menos resistentes à propagação de fissuras. Ponto de fusão: devido ao seu pequeno tamanho, as nanopartículas metálicas podem ter pontos de fusão mais baixos do que os materiais a granel do mesmo metal. Isto pode ser utilizado em aplicações catalíticas em que são necessárias energias de ativação baixas para iniciar reacções químicas.

4- Fragilidade: algumas nanopartículas metálicas tornam-se mais frágeis à escala nanométrica devido à sua reduzida ductilidade. Isto torna as nanopartículas mais susceptíveis de se fracturarem quando sujeitas a tensões mecânicas.

É de salientar que as propriedades mecânicas das nanopartículas metálicas podem variar em função de vários factores, tais como o seu tamanho, forma, composição, aglomeração e as tensões ambientais a que estão sujeitas. Consequentemente, a compreensão e o controlo destes factores são cruciais para a conceção e utilização de nanopartículas metálicas em aplicações técnicas e biomédicas.

VI. de produção de nanopartículas

As novas propriedades que distinguem as nanopartículas dos materiais a granel são frequentemente desenvolvidas na gama crítica de comprimentos inferiores a 100 nm. Qualquer que seja a sua composição, todas as substâncias apresentam novas propriedades quando reduzidas a menos de 100 nm. Estas propriedades podem ser sistematicamente controladas ajustando o tamanho, a composição e a forma dos materiais à escala nanométrica. Consequentemente, o tamanho das partículas é a qualidade mais importante das nanopartículas. Durante a última década, foram desenvolvidas várias técnicas de fabrico de nanomateriais. A escolha da técnica a utilizar depende de uma série de critérios, como as condições e os métodos de síntese. Do ponto de vista industrial, o custo, o tempo e a reprodutibilidade da síntese são critérios importantes. Em дёпёrа1, existem duas abordagens principais reprësentëes na *Figura II.4*: "bottom-up" e "top-down". Embora ambos os mëtodos desempenhem um papel muito importante no fabrico de nanopartículas, cada um apresenta vantagens e inconvënientes. Consequentemente, eles devem ser escolhidos com muito cuidado de acordo com os requisitos.

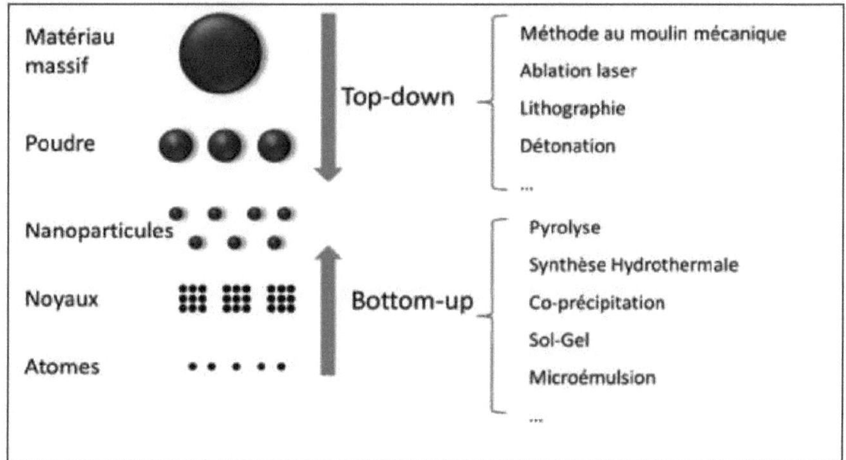

Figura II. 4: Duas abordagens (Bottom-up e Top-down) para o fabrico de nanomatëriais.

VI.1 Abordagem ascendente

A abordagem "bottom-up" envolve a construção de estruturas e matëriais a partir de componentes básicos, como átomos ou moléculas, para formar nanoestruturas de forma controlada. Nesta abordagem, os matëriais à nanoescala são construídos através da montagem de blocos de construção básicos para obter as propriëtës desejadas. Aqui estão alguns exemplos de procëdës ШШзёз na abordagem "bottom-up" para obter nanomatëriais diretamente moldados: Formação de filmes nanoestruturados por pulverização de plasma ou ëlectrodëposition [61]:

4- **Pulverização por plasma:** Este processo envolve o bombardeamento de um alvo metálico ou cerâmico com iões para ëjectar átomos, que são depois depositados num substrato para formar películas nanoestruturadas.

5- **Eletrodeposição:** Este processo utiliza uma corrente eléctrica para depositar seletivamente metais em nanoescala num substrato, permitindo controlar a estrutura e as propriedades da película fina resultante.

6- **Copolímeros** em **bloco :** *Os copolímeros* em bloco são polímeros compostos por blocos de diferentes sequências de monómeros. Podem auto-montar-se em estruturas ordenadas à escala nanométrica, tais como micelas ou nanofibras com propriedades específicas.

7- **Cristalização da fase vítrea:** Alguns materiais metálicos e cerâmicos podem ser amorfos (vítreos) à escala nanométrica. Utilizando técnicas de tratamento térmico controlado, estas fases vítreas podem ser cristalizadas para formar nanoestruturas metálicas e cerâmicas que se comportam de forma diferente das suas contrapartes a granel.

8- **Nanoobjectos e NEMS (Nano Electromechanical Systems):** Os nano-objectos concebem estruturas como nanotubos, nanofios e nanopartículas. Estas estruturas podem ser sintetizadas e montadas para formar dispositivos NEMS à nanoescala com funções mecânicas e eléctricas integradas.

9- Electrolitografia e deposição de material: A electrolitografia é uma técnica de fotolitografia que utiliza uma máscara e uma tensão para criar padrões à escala nanométrica num substrato. Uma vez criado o padrão, pode ser depositada uma camada de material no substrato para formar uma rede de nanopontos e nanoestruturas.

Estes métodos de fabrico "ascendentes" permitem controlar com precisão a estrutura e as propriedades dos nanomateriais, tornando-os muito úteis numa série de aplicações em eletrónica, ótica, catálise, medicina, etc. No entanto, podem ser mais complexos e exigentes em termos de tecnologia e controlo de processos do que os métodos de fabrico 'top-down', que utilizam materiais a granel para reduzir o número de componentes.

VI.2 Abordagem descendente

O método de fabrico "top-down" consiste em pegar num material a granel pré-existente e reduzir o seu tamanho para obter nanopartículas com o tamanho e a forma desejados. Este método utiliza principalmente um processo mecânico para decompor os materiais a granel em partículas mais pequenas. Seguem-se alguns exemplos de processos mecânicos utilizados neste método [75], [76]:

4- Moagem: A moagem é o processo mecânico que consiste em reduzir o tamanho de um material sólido por esmagamento ou trituração, utilizando uma força mecânica. Pode ser produzida por moinhos de bolas, moinhos de argamassa, moinhos de facas, etc. O material a granel é introduzido num moinho onde é sujeito *a* forças de compressão, cisalhamento e impacto que provocam a sua fragmentação em partículas mais pequenas, incluindo nanopartículas.

5- Fotolitografia: A fotolitografia é uma técnica de fabrico utilizada para criar padrões à escala nanométrica em materiais a granel, utilizando técnicas de mascaramento, exposição e gravação química. Isto torna possível cortar estruturas mais pequenas a partir de materiais a granel.

6- Emulsificação : I A emulsificação é o processo de mistura de líquidos imiscíveis, tais como líquidos e solventes, por agitação vigorosa para formar gotículas de tamanho nanométrico. Estas gotículas podem então ser estabilizadas para obter nanopartículas.

7- Atomização: A atomização é um processo que envolve utilização uma força mecânica, um spray, para converter um líquido em gotículas finas. Estas gotículas podem depois ser esmagadas para formar nanopartículas sólidas.

Embora a abordagem **top-down** permita a obtenção eficiente de nanopartículas e o controlo prëcisëmental do seu tamanho e forma, tem certas limitações. das principais limitações é a produção em massa. O processo de redução de materiais a granel em nanopartículas é frequentemente lento e dispendioso, o que dificulta o fabrico de grandes quantidades de nanopartículas a um custo acessível. Além disso, a abordagem "top-down" pode levar a distribuições granulométricas relativamente amplas, o que pode ser problemático para certas aplicações que exigem um tamanho estritamente uniforme. ^Portanto, para certas aplicações que requerem a produção de nanopartículas de grande ë Ио, uma abordagem "de baixo para cima" pode ser prëfërable, pois permite a síntese direta de nanopartículas à escala nanométrica sem redução de matëriais maciços. No entanto, cada método tem suas vantagens e desvantagens, e a escolha do método dependerá das necessidades específicas da aplicação prevista.

VI.3 Preparação física das nanopartículas

Os processos utilizados para produzir nanopartículas por meios físicos baseiam-se em fenómenos físicos como a condensação, a evaporação, a atomização, a pu^risação ou a decomposição térmica . Estes métodos permitem a produção de nanopartículas a partir de estados gasosos, líquidos ou sólidos, explorando as propriedades físicas específicas dos materiais. Aqui estão alguns procëdës comuns para fazer nanopartículas por meios físicos.

VI.3.1. Ablação por laser

A ablação por laser é uma técnica de síntese de nanopartículas que utiliza um feixe de laser de alta energia para vaporizar um alvo sólido. O feixe de laser é focado no alvo, fazendo com que parte da matéria alvo se evapore. As partículas emitidas durante esta vaporização dispersam-se no espaço circundante sob a forma de uma nuvem de gás e plasma.

Esta nuvem de gás e plasma que contém as espécies atómicas, moleculares ou iónicas ë emitidas pelo alvo arrefece rapidamente à medida que se expande. Numa fase gasosa a pressões bem definidas, estas espécies condensam-se para formar nanopartículas. O crescimento de nanocristais ocorre, portanto, durante esta condensação num ambiente gasoso. O tamanho e as propriedades das nanopartículas formadas dependem de vários factores, tais como **[58]** :

4- Natureza do gás de transporte: O gás utilizado para condensar as partículas pode influenciar a taxa de arrefecimento da nuvem de gás, afectando assim o tamanho final das nanopartículas.

4- Pressão do meio gasoso: A pressão a que se efectua o processo de ablação por laser desempenha um papel crucial na condensação e crescimento das nanopartículas. São necessárias pressões bem definidas para obter nanopartículas de um tamanho específico.

4- Intensidade do impulso laser: A intensidade do laser pode controlar a quantidade de material evaporado do alvo e influenciar a taxa de condensação das partículas formadas.

A ablação por laser permite a produção de nanopartículas com um elevado grau de controlo do seu tamanho e composição. Esta técnica é utilizada em vários domínios, como a nanotecnologia, a eletrónica, a catálise e as aplicações biomédicas. No entanto, é essencial escolher os parâmetros corretos, como a pressão do gás de arrastamento e a intensidade do laser, para obter as caraterísticas desejadas das nanopartículas. Além disso, a ablação por laser requer equipamento sofisticado e conhecimentos técnicos especializados, o que a torna mais adequada para aplicações de investigação e desenvolvimento em pequena escala **[59]**.

V I.3.2. Evaporação térmica sob pressão parcial inerte ou reactiva

Este método baseia-se na evaporação de um metal por aquecimento, seguido de condensação do vapor de metal para obter nanopós compostos por partículas nanométricas dispersas. A escolha do método de aquecimento depende da pressão de vapor do mëtal, que é Hëe *em* sua capacñë a s^vaporação e dë depende da força das ligações químicas, bem como da condição da superfície, incluindo 1 oxidação. Por exemplo, os metais Fe, Ni, Co, Cu, Pd e Pt produzem vapor suficiente com tempëraturas de aquecimento radiativas (1.200°C) e indutivas (2.000°C), permitindo a produção laboratorial de 50 a 100 g/h de matëriau.

^^^ Em contraste, os metais sedentos de oxigénio, como Al, Cr, Ti, Zr, e os metais refratários com pressão de vapor muito baixa, como Mo, Hf, Ta, W, iK'cessam modos de aquecimento mais potentes, como o aquecimento por bombardeamento de eletrões (3.000°C) ou o aquecimento por plasma indutivo e/ou ë arco-corte б (3.000°C a 14.000°C). Quando as partículas de mëtal são colocadas numa atmosfera reativa, geralmente oxigénio, após a sua formação, as nanopartículas obtidas são transformadas em óxidos do mëtal inicial como resultado de uma reação de oxidação. Um dos principais desafios desta técnica é o controlo preciso do tamanho nanométrico dos nanopós. Estes nanopós são obtidos por arrefecimento muito rápido do vapor mëtálico, garantindo assim a formação de uma grande população de partículas, limitando o seu crescimento e coagulação [77].

Este método de preparação é utilizado à escala industrial para a produção de nanopós metálicos e cerâmicos (acima mencionados) após reacções específicas. A produção anual pode atingir várias dezenas de toneladas. É importante notar que os nanopós formados são sistemas pulverulentos cujo potencial poluente é muito elevado devido à formação de ^rosóis, especialmente se as linhas de produção e manuseamento estiverem expostas à atmosfera. Além disso, estes nanopós são altamente pirofóricos no ar, representando risco de explosão e incêndio.

V I.3.3. Sputtering

A pulverização ou "sputtering", uma técnica de deëpōt de película fina, também pode produzir nanopartículas. ^^Neste processo, as partículas da matéria-alvo são ëjectëed por colisão com iões a^Ures (normalmente iões de árgon) numa câmara de vácuo. Estas partículas pulverizadas assentam então na superfície, formando uma fina camada de nanopartículas. O processo de pulverização catódica pode ser utilizado para criar camadas finas de nanopartículas diretamente sobre o substrato, ou pode ser seguido de recozimento térmico para modificar a estrutura e as propriedades das nanopartículas pulverizadas. O recozimento envolve o aquecimento da camada de nanopartículas após o dëp6t para aumentar a cristalina^, promover a coalescência e o crescimento das partículas e ajustar o tamanho e a forma das partículas **[58]**.

Os parâmetros de pulverização e recozimento são essenciais para controlar as propriedades das nanopartículas formadas. A espessura da camada depositada determina a quantidade de material disponível para formar nanopartículas, enquanto a temperatura e o tempo de recozimento afectam a taxa de difusão das partículas, a coalescência e o tamanho final.

A escolha do substrato também desempenha um papel importante. As propriedades do substrato podem afetar a adesão, o alinhamento e a cristalinidade das nanopartículas. Dependendo da aplicação pretendida, podem ser utilizados diferentes tipos de substrato. O revestimento por pulverização é amplamente utilizado nas indústrias de revestimentos, eletrónica, ótica e nanotecnologia. Constitui um método eficaz para fabricar películas finas de nanopartículas com um controlo preciso da dimensão, forma e composição das nanopartículas. É de notar, no entanto, que o processo de pulverização catódica pode ser complexo e requer equipamento especializado, incluindo câmaras de vácuo e fontes de iões, o que o torna uma técnica mais adequada para aplicações de investigação e produção em pequena escala.

V I.3.4. Deposição em fase vapor (CVD)

A deposição química em fase vapor (CVD) é uma técnica de síntese de nanopartículas muito utilizada para depositar películas finas ou películas de materiais num substrato a partir de precursores gasosos. Este método permite um controlo preciso do crescimento e das propriedades das nanopartículas formadas. Seguem-se alguns pormenores do processo de deposição em fase vapor [78]:

4- Princípio básico: A CVD baseia-se na reação química entre precursores gasosos e o substrato para formar novos materiais no estado sólido. Os precursores gasosos podem ser compostos orgânicos ou inorgânicos que, quando aquecidos a altas temperaturas, se decompõem e libertam átomos ou moléculas reactivas que se depositam no substrato e reagem para formar as nanopartículas desejadas.

5- Tipos de CVD: Existem diferentes tipos de CVD, incluindo CVD térmico, CVD enriquecido com plasma (PECVD), CVD metal-orgânico (MOCVD), CVD a baixa pressão (LPCVD) e outros. Cada variante de CVD é adaptada a aplicações específicas e permite o controlo de diferentes parâmetros para produzir nanopartículas com diferentes propriedades.

6- Controlar o tamanho e a forma das nanopartículas : O dëpõt em fase vapor permite um controlo preciso do tamanho e da forma das nanopartículas formadas. Este controlo é conseguido através do ajuste das condições de crescimento, tais como temperatura, pressão, composição do gás reativo, d6bit de gás, tempo de deposição, etc. Podem ser utilizados parâmetros específicos para obter nanopartículas de diferentes tamanhos, formas e morfologias.

7- Aplicações : A CVD é amplamente utilizada na indústria dos semicondutores para fabricar películas finas de materiais utilizados em transístores, circuitos integrados e outros dispositivos electrónicos. É também utilizada para fabricar revestimentos, materiais funcionais e nanoestruturas para aplicações em eletrónica, ótica, catálise, energia, biotecnologia e muitos outros domínios.

Em resumo, a deposição de vapor é um método versátil para sintetizar nanopartículas, permitindo um controlo preciso do seu tamanho, forma e propriedades. Esta técnica é utilizada variedade de aplicações industriais e de investigação, oferecendo perspectivas interessantes para a inovação e o desenvolvimento de novos materiais e dispositivos à escala nanométrica.

VI.4. Processos de preparação química de nanopartículas

Os processos químicos de produção de nanopartículas baseiam-se em reacções químicas controladas para formar nanopartículas a partir de precursores químicos. Estes métodos são muito comuns e permitem a produção de nanopartículas com um controlo preciso do seu tamanho, forma, composição e superfície. Apresentamos de seguida alguns dos principais métodos de síntese de nanopartículas através de processos químicos:

VI.4.1. Método Sol-gel

Este processo é normalmente utilizado para a preparação de óxidos metálicos utilizando a hidrólise de precursores metálicos como reagentes, levando à formação dos hidróxidos correspondentes. A condensação destes hidróxidos por remoção de água resulta na criação de uma rede de hidróxidos metálicos. Quando todas as funções de hidróxido se ligam, a gelificação está completa, formando um gel poroso. Posteriormente, através da remoção das moléculas de solvente e da secagem adequada do gel, obtém-se um pó ultrafino de hidróxido metálico. Tratamentos térmicos subsequentes deste pó de hidróxido de mëtalIIque produzem um pó ultrafino correspondente ao óxido de mëtalIIque desejado [79].

As técnicas de sol-gel oferecem um controlo preciso do tamanho e da uniformidade da distribuição das partículas. Podem ser utilizadas para produzir peças maciças ou para depositar camadas finas em folhas, fibras ou compósitos fibrosos. No entanto, estes métodos têm alguns inconvenientes, tais como o elevado custo dos precursores básicos, baixos rendimentos, a formação de produtos de baixa densidade (para materiais de alta densidade, é necessário um passo de recozimento a alta temperatura) e resíduos de carbono e outros compostos, alguns dos quais podem ser perigosos para a saúde. Para obter materiais ultrapuros, é necessária uma fase de purificação complexa (Figura II.5) [80].

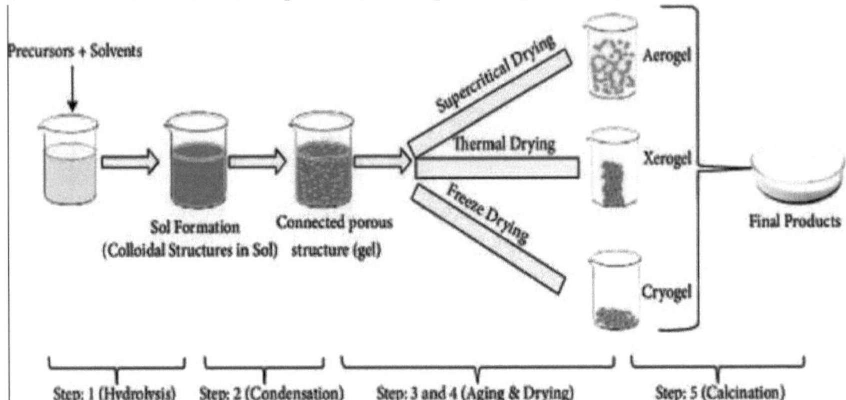

Figura II. 5: Diagrama esquemático do processo sol-gel para a produção de xerogel, criogel ou aerogel.

Apesar destes inconvenientes, as técnicas sol-gel são utilizadas em vários domínios, como a ótica, a magnética, a eletrónica, os supercondutores a alta temperatura, a catálise e, mais particularmente, no fabrico de materiais inorgânicos cerâmicos e vítreos, materiais amorfos e nanoestruturas, bem como óxidos multicomponentes. Estes métodos oferecem oportunidades engenharia de materiais e a conceção de dispositivos avançados com propriedades específicas e continuam a ser uma área de investigação ativa para o desenvolvimento de materiais inovadores para muitas aplicações industriais e tecnológicas.

V I.4.2. Deposição química em fase vapor

O processo de deposição química em fase vapor (CVD) baseia-se numa reação química entre um composto volátil do material a depositar e a superfície do substrato a revestir. ^^ Esta reação pode ser realizada quer através do aquecimento do substrato (CVD térmico), quer através da utilização de um plasma ëк нд (CVD assistido por plasma). Este processo é rëalisë numa câmara dëp6t, gënëralmente sob pressão reduzida (alguns mbar). Graças ao CVD, é possível produzir camadas finas com espessuras que variam de um mícron a várias dezenas de mícrons, utilizando uma grande variedade de materiais, como carbonetos, nitretos, óxidos, ligas metálicas, etc.

Os processos convencionais de CVD, baseados na dëcomposição térmica de halogenetos mëtálicos, exigiam tempëraturas ëlevëes (acima de 900°C), o que os tornava menos adequados para aplicações que envolviam aços, como ferramentas e mecânica. ^No entanto, para satisfazer os requisitos específicos do tratamento de superfície de aços e certas ligas, é ëlяй cessário reduzir as tempëraturas do procëdë. É assim que as técnicas de CVD assistidas por plasma e as que utilizam precursores gasosos organomëtálicos que são menos estáveis, mas mais reactivos do que os halogenetos mëtálicos, têm ëlë dëveloppëes para atingir este objetivo.

Estas técnicas avançadas de CVD são utilizadas não só para produzir dëp6ts densos, mas também para obter estruturas nanoestruturadas, como o fabrico de nanotubos, por exemplo (Costa, 2006) [81]. Estes avanços abrem caminho a aplicações inovadoras em vários campos da indústria, da eletrónica, da catálise e da investigação científica, onde o controlo das propriedades dos filmes finos e das nanoestruturas é essencial [82].

V I.4.3. Decomposição térmica

A dëcomposição térmica é um método comum para a síntese de certas nanopartículas, particularmente a partir de precursores organomëtálicos. Esta abordagem envolve o aquecimento destes precursores a altas temperaturas, geralmente num forno ou reator adequado, a fim de causar a sua decomposição química. A decomposição térmica ocorre geralmente de forma endotérmica, requer a entrada de energia na forma de calor para quebrar as ligações químicas do composto precursor.

Os precursores organomëtaIIIque são compostos químicos que contêm tanto ëlëmentos orgânicos como mëtaIIIque ëlëmentos. Estes composës são escolhidos pelas suas propriedades de dëcomposição térmica específicas que levam à formação de nanopartículas dësirëadas. A natureza do organomëtaIIIque dë precursores determina em grande parte as propriëtës das nanopartículas formadas, tais como a sua composição química, tamanho, morfologia e cristalinidade [44], [82].

A decomposição térmica pode ser efectuada em diferentes atmosferas, como o ar, o azoto ou o árgon, dependendo das necessidades específicas do processo de síntese. As condições de temperatura e o tempo de aquecimento são cuidadosamente controlados para garantir a formação óptima das nanopartículas desejadas. Uma vez concluída a decomposição térmica, as nanopartículas resultantes podem ser recolhidas para utilização posterior.

Este método de síntese é normalmente utilizado para obter nanopartículas de metais, óxidos metálicos, sulfuretos, carbonetos, nitretos e outros materiais inorgânicos. A decomposição térmica oferece uma grande flexibilidade e um controlo preciso do tamanho e das propriedades das nanopartículas formadas, tornando-a uma abordagem popular para a preparação de materiais nanométricos em vários domínios da investigação e da indústria, como a nanotecnologia, a catálise, a eletrónica, os materiais avançados e muitos outros.

V I.4.4 Coprecipitação

A coprecipitação é um método de síntese química que envolve a precipitação simultânea de dois ou mais precursores químicos a partir de uma solução, resultando na formação de nanopartículas compostas com composições controladas. Esta técnica é amplamente utilizada para obter nanopartículas com propriedades específicas, ajustando a composição química dos precursores.

O processo de coprecipitação começa com a preparação de uma solução contendo precursores metálicos ou químicos adequados. Estes precursores são geralmente sais metálicos ou complexos organometálicos que são solúveis na solução. Ao ajustar as concentrações dos diferentes precursores na solução, é possível controlar a composição do material compósito resultante.

Quando a solução que contém os precursores estiver pronta, é introduzido na solução um reagente ou um método de precipitação. O reagente provoca a formação de precipitados a partir dos precursores presentes na solução. Os prëcipitës resultantes são as nanopartículas compostas com a composição dësirëe.

A coprecipitação oferece uma maneira eficiente de fabricar nanopartículas compostas com propriedades específicas, pois diferentes composições de precursores podem ser ajustadas para obter materiais com caraterísticas únicas. Por exemplo, usando este método, podem ser fabricadas nanopartículas compostas de metal, óxidos mistos ou ligas em nanoescala [83].

Esta técnica é utilizada em muitos domínios, como a catálise, a ciência dos materiais, a eletrónica, a biotecnologia e outras aplicações industriais, em que as propriedades das nanopartículas compósitas desempenham um papel fundamental no desempenho de dispositivos e materiais. A coprecipitação oferece uma grande flexibilidade na conceção de materiais nanocompósitos feitos à medida, permitindo o desenvolvimento de novas aplicações e a satisfação de necessidades específicas em diferentes áreas da investigação e da indústria.

V I.4.5. Microemulsão

As microemulsões são sistemas coloidais termodinamicamente estáveis compostos por água, óleo e um tensioativo. Estas estruturas caracterizam-se pela sua transparência e estabilidade, que resultam da auto-montagem de moléculas de tensioativo em torno das interfaces água/óleo, formando microgotículas tipicamente com dimensões entre 10 e 100 nanómetros.

Estas microemulsões proporcionam um ambiente de reação único para a formação de nanopartículas. O princípio básico baseia-se na utilização de precursores químicos adequados, que são incorporados nas microgotículas formadas pela microemulsão. Os precursores químicos podem ser sais metálicos ou compostos organometálicos solúveis emou óleo.

Uma vez presentes os precursores nas microgotículas, podem ser iniciadas reacções químicas específicas, quer por agentes redutores, quer por alterações de pH, aplicação de calor, etc. Estas reacções provocam a formação e o crescimento de nanopartículas no interior das microgotículas. Estas reacções levam à formação e ao crescimento de nanopartículas no interior das microgotículas.

Devido à natureza confinada das microgotículas, as reacções ocorrem em condições locais específicas, permitindo que o tamanho, a morfologia e a composição das nanopartículas formadas sejam rigorosamente controlados. As nanopartículas resultantes são geralmente estáveis na microemulsão e podem ser recolhidas após a reação, quebrando a microemulsão.

As microemulsões são utilizadas para produzir uma vasta gama de nanopartículas, tais como nanopartículas metálicas, nanopartículas de óxidos metálicos, nanopartículas orgânicas e muitas outras. Este método tem várias vantagens, incluindo a facilidade de manuseamento, a reprodutibilidade e a capacidade de sintetizar nanopartículas com propriedades específicas para diferentes aplicações, como a catálise, os materiais avançados, a eletrónica, a biotecnologia, os cosméticos, etc. [83].

Graças à sua adaptabilidade e flexibilidade, as microemulsões oferecem uma abordagem promissora para a síntese de nanopartículas com um controlo preciso das propriedades, o que continua a gerar um interesse considerável na investigação e desenvolvimento de novos materiais e tecnologias.

V I.5. Processos de preparação de nanopartículas por meios biológicos

A biossíntese de nanopartículas refere-se a métodos de síntese, montagem ou produção de nanopartículas a partir de organismos vivos (microrganismos, células vegetais ou animais). Muitas vezes referida como "biossíntese de nanopartículas", esta abordagem tem uma série de vantagens, incluindo a facilidade de implementação, a baixa toxicidade ambiental e uma abordagem mais amiga do ambiente. Seguem-se alguns processos comuns de refinação de nanopartículas por meios biológicos [84]:

V I.5.1. Biossíntese microbiana

Certos microrganismos, tais como bactérias, leveduras e fungos, são capazes de reduzir iões metálicos presentes no seu ambiente para formar nanopartículas. As estirpes microbianas adequadas são cultivadas na presença de sais metálicos e formam nanopartículas a partir destes iões metálicos reduzidos.

V I.5.2. Biossíntese de extractos de tecidos animais

Os extractos de tecidos animais, tais como proteínas ou enzimas, podem ser utilizados para sintetizar nanopartículas. Estes extractos podem atuar como agentes redutores e estabilizadores de iões metálicos, facilitando a formação de nanopartículas.

V I.5.3. Utilização enzimas

Certas enzimas são capazes de catalisar a formação de nanopartículas a partir de precursores metálicos. Estas enzimas podem ser extraídas de organismos vivos e utilizadas para sintetizar nanopartículas em laboratório.

V I.5.4. Biomineralização

Certos organismos, como os moluscos, são capazes de produzir estruturas minerais à escala nanométrica. Estes processos biológicos podem ser utilizados para sintetizar nanopartículas.

V I.5.5. Biossíntese pelas plantas

Algumas plantas são capazes acumular iões metálicos nos seus tecidos. As nanopartículas podem ser formadas expondo estas plantas a iões metálicos específicos ou a sais metálicos. Os extractos de plantas que contêm biomoléculas específicas desempenham frequentemente um papel fundamental na redução dos iões metálicos e na estabilização das nanopartículas resultantes. A biossíntese vegetal de nanopartículas é uma abordagem promissora que explora a maquinaria biológica das plantas para produzir e estabilizar nanopartículas. Este método oferece uma série de vantagens, incluindo o respeito pelo ambiente, a baixa toxicidade e a capacidade de produzir uma variedade de nanopartículas com diferentes propriedades. Aqui estão mais pormenores sobre a biossíntese de nanopartículas por plantas:

4- **Acumulação de iões metálicos:** Algumas plantas são capazes acumular iões metálicos do solo nos seus tecidos. Estes iões metálicos são depois utilizados como precursores para formar nanopartículas. Mecanismos como a translocação de iões metálicos através das raízes, o transporte ativo nas células e a acumulação selectiva em determinados tecidos vegetais desempenham um papel crucial neste processo.

5- **Redução de iões metálicos:** As nanopartículas metálicas são geralmente obtidas a partir de sais metálicos solúveis. No entanto, estes iões metálicos devem ser reduzidos para formar nanopartículas. As plantas contêm biomoléculas com propriedades redutoras, tais como protëinas, enzimas e compostos fitoquímicos. Estas biomoléculas ajudam a reduzir os iões mëtaLLIque à sua forma mëtaLLIque, facilitando assim a formação de nanopartículas.

6- **Estabilidade das nanopartículas:** Uma vez formadas as nanopartículas, estas sofrem frequentemente aglomeração ou crescimento descontrolado, o que afecta o seu desempenho. Os extractos de plantas contêm compostos biológicos, tais como protinas e polifenóis, que se ligam à superfície das nanopartículas e actuam como estabilizadores, impedindo a sua agregação e crescimento.

7- **Extração de nanopartículas:** Depois de as nanopartículas terem sido biossintetizadas e estabilizadas no tecido vegetal, podem ser extraídas por vários métodos. A extração depende geralmente do tipo de nanopartículas e do tecido vegetal utilizado. As nanopartículas podem ser isoladas utilizando técnicas como a centrifugação, a ultracentrifugação, a evaporação ou a utilização de solventes adequados.

8- **Aplicações potenciais:** As nanopartículas vegetais biossintetizadas têm uma vasta gama aplicações potenciais. Por exemplo, as nanopartículas de prata biossintetizadas por plantas revelaram propriedades antimicrobianas e podem ser utilizadas como agentes antimicrobianos em várias aplicações médicas e industriais. Do mesmo modo, as nanopartículas de ouro

biossintetizadas por plantas têm aplicações potenciais em nanomedicina e catálise.
Em particular, a biossíntese de nanopartículas é uma área de investigação em rápido crescimento que pode levar à descoberta de novos métodos e novos organismos para a produção de nanopartículas de forma mais eficiente e sustentável. A utilização destes métodos biológicos tem um grande potencial para a produção de nanopartículas de forma ecológica e economicamente viável.

VII. Aplicações das nanopartículas

As nanopartículas têm sido amplamente utilizadas numa variedade de domínios devido às suas propriedades únicas. Eis algumas das aplicações mais comuns das nanopartículas:

VII.1 Medicina e cuidados de saúde

As nanopartículas são partículas minúsculas, geralmente na gama dos nanómetros (um bilionésimo de metro), que possuem propriedades únicas devido à sua pequena dimensão e grande área de superfície. Estas caraterísticas conferem-lhes uma grande versatilidade e abrem muitas possibilidades no domínio da medicina, nomeadamente na administração de medicamentos e na imagiologia médica[62], [85].

V II.1.1. Administração de medicamentos com objectivos específicos

Uma das aplicações mais importantes das nanopartículas em medicina é a administração de medicamentos específicos. As nanopartículas podem ser funcionalizadas para administrar medicamentos específicos diretamente em áreas-alvo do corpo, como os tumores cancerígenos. Para tal, os investigadores estão a desenvolver nanopartículas capazes de atingir seletivamente células cancerígenas utilizando ligandos ou anticorpos específicos para essas células. Quando as nanopartículas atingem o seu alvo, podem libertar gradualmente os fármacos, aumentando a sua concentração nas células cancerosas e minimizando o seu efeito nas células saudáveis, reduzindo assim os efeitos secundários indesejáveis.

V II.1.2. Melhorar a eficácia dos medicamentos de quimioterapia

Os tratamentos convencionais de quimioterapia têm muitas vezes limitações devido à sua toxicidade sistémica e à fraca especificidade das células cancerígenas. A utilização de nanopartículas para transportar os medicamentos de quimioterapia pode melhorar a eficácia do tratamento. As nanopartículas aumentam a concentração dos fármacos anticancerígenos no interior do tumor, reforçando o seu efeito terapêutico. Isto pode levar a uma redução do tamanho do tumor, a um melhor controlo da doença e a um aumento das taxas de sobrevivência dos doentes com cancro.

V II.1.3. Reduzir os efeitos secundários dos medicamentos de quimioterapia

A utilização de nanopartículas para a administração de medicamentos específicos está a revolucionar a quimioterapia, reduzindo drasticamente os efeitos secundários nocivos. Ao concentrarem-se exclusivamente nas células cancerígenas, estas partículas significativamente os danos nos tecidos saudáveis adjacentes, limitando assim as consequências nocivas e as complicações frequentes inerentes aos tratamentos de quimioterapia convencionais. Esta abordagem personalizada oferece um enorme potencial para melhorar a eficácia das terapias anti-cancro, reduzindo simultaneamente o impacto indesejável na saúde geral dos doentes.
As nanopartículas também grandes avanços na imagiologia médica:

V II.1.4. Melhoria da imagem por ressonância magnética (MRI)

As nanopartículas podem ser utilizadas como agentes de contraste na imagiologia por ressonância magnética (MRI). A RMN é uma técnica de imagiologia não invasiva que fornece imagens pormenorizadas dos tecidos internos do corpo. Ao utilizar nanopartículas especialmente concebidas como agentes de contraste, a sensibilidade e a precisão da RM podem ser melhoradas para o diagnóstico do cancro. Estas nanopartículas podem ser concebidas para visar especificamente tumores ou locais de interesse, permitindo uma melhor visualização dos tecidos afectados e uma deteção mais precoce de anomalias.

O estudo recente de Zhu et al. em 2021 [86] realçou o potencial das nanopartículas na terapia do cancro. Os investigadores desenvolveram um nanosistema inovador que permite que os medicamentos de quimioterapia sejam transportados diretamente para o local do tumor. Ao utilizar nanopartículas especificamente concebidas para atingir as células cancerosas, conseguiram melhorar a eficácia terapêutica dos medicamentos, aumentando a sua concentração no interior do tumor e reduzindo a sua dispersão pelo resto do corpo. Esta abordagem pode potencialmente conduzir a tratamentos mais eficazes e mais bem tolerados para os doentes com cancro.

As nanopartículas desempenham também um papel crucial na imagiologia médica, nomeadamente na ressonância magnética (RM). A RMN é uma técnica de imagiologia não invasiva que fornece imagens pormenorizadas das estruturas internas do corpo. A utilização de nanopartículas como agentes de contraste na RMN oferece uma vantagem significativa, uma vez que pode melhorar a sensibilidade e a precisão do diagnóstico do cancro. O estudo realizado por Fang et al. em 2020 [87] centrou-se no desenvolvimento de um agente de contraste à base de nanopartículas especificamente concebido para melhorar os sinais de RMN e melhorar a visualização de tumores e anomalias. Isto permitiria aos médicos detetar as doenças mais cedo, avaliar a extensão dos tumores e adaptar os tratamentos com maior precisão.

De um modo geral, as nanopartículas representam um grande avanço no domínio da medicina, oferecendo soluções inovadoras para a administração de medicamentos específicos e a imagiologia médica. O seu potencial na terapia do cancro e no diagnóstico precoce está a suscitar grande entusiasmo na comunidade científica e médica, e continua a ser realizada muita investigação para explorar plenamente os seus benefícios no domínio dos cuidados de saúde.

V II.2 Eletrónica

As nanopartículas abriram novas perspectivas no domínio da eletrónica, oferecendo possibilidades interessantes para o desenvolvimento de dispositivos electrónicos de elevado desempenho. Dois estudos realizados por Liu et al (2021) [88] e Wang et al (2020) [89] ilustraram utilização promissora de nanopartículas de prata e ouro na criação de transístores e sensores avançados, respetivamente.

V II.2.1. Transístor flexível e transparente baseado em nanopartículas de prata

No estudo realizado por Liu et al. em 2021, desenvolveram um transístor flexível e transparente utilizando de prata. Este transístor oferece um potencial notável para várias aplicações electrónicas, nomeadamente nos domínios dos ecrãs tácteis e da eletrónica portátil. de prata são utilizadas como material condutor para fabricar os eléctrodos do transístor. A flexibilidade do transístor torna-o adaptável a diferentes formas e superfícies, enquanto a sua transparência permite integrá-lo discretamente em dispositivos electrónicos como ecrãs, sem alterar a qualidade visual. Esta tecnologia poderá revolucionar a indústria dos dispositivos electrónicos, permitindo aplicações inovadoras em dispositivos portáteis, ecrãs flexíveis e outras tecnologias electrónicas avançadas.

V II.2.2. Sensor de gás altamente sensível baseado em nanopartículas de ouro

No estudo realizado por Wang et al. em 2020, os investigadores centraram-se na utilização de nanopartículas de ouro para desenvolver um sensor de gás de elevado desempenho. Conseguiram conceber um sensor capaz de detetar baixas concentrações de gás hidrogénio com elevada sensibilidade e seletividade. As nanopartículas de ouro actuam como um material sensível às variações do gás, e a sua interação com o hidrogénio modifica as propriedades eléctricas do sensor, permitindo detetar e quantificar com precisão os níveis de gás presentes no ambiente. Este avanço nos sensores de gás abre a porta a muitas aplicações potenciais, como a monitorização da qualidade do ar, a deteção de fugas de gás industrial e a segurança em ambientes sensíveis.

Estes dois estudos demonstram a importância crescente das nanopartículas no domínio da eletrónica. Graças ao seu tamanho nanométrico e às suas propriedades únicas, as nanopartículas de prata e ouro oferecem soluções inovadoras para o fabrico de dispositivos electrónicos de última geração, desde transístores flexíveis e transparentes a sensores altamente sensíveis. Estes avanços poderão potencialmente transformar as tecnologias electrónicas, introduzindo dispositivos mais eficientes, versáteis e amigos do ambiente. Por conseguinte, é provável que a investigação futura continue a explorar e a explorar o potencial das nanopartículas em várias áreas da eletrónica para satisfazer as necessidades crescentes da nossa sociëtë moderna.

V II.3 Energia

As nanopartículas encontraram também aplicações promissoras no domínio das tecnologias energéticas, nomeadamente em células solares, baterias e células de combustível. Dois estudos realizados por Li et al (2021)[90] e Zheng et al (2020)[91] demonstraram o impacto positivo das nanopartículas nestes domínios fundamentais.

V II.3.1. Células solares de perovskite à base de nanopartículas

No estudo realizado por Li e a sua equipa em 2021, exploraram a utilização de nanopartículas em células solares de perovskite. As células solares de perovskite são dispositivos fotovoltaicos promissores devido à sua capacidade de converter eficazmente a luz solar em eletricidade. Os investigadores conceberam uma célula solar utilizando nanopartículas na estrutura de perovskite o que aumentou significativamente a sua eficiência de conversão de energia. Ao atingir uma eficiência elevada de 25,6%, esta célula solar oferece um enorme potencial para a energia solar renovável, uma vez que permite mais eletricidade a partir da luz solar, reduzindo simultaneamente os custos de produção e tornando a energia solar mais competitiva em comparação com as fontes de energia convencionais.

V II.3.2. Baterias de iões de lítio de elevado desempenho baseadas em nanopartículas

No estudo realizado por Zheng et al. em 2020, os investigadores analisaram a utilização de nanopartículas no desenvolvimento de baterias de iões de lítio de elevado desempenho. As baterias de iões de lítio são amplamente utilizadas em muitas aplicações, desde a eletrónica de consumo aos veículos eléctricos, devido à sua elevada densidade energética e longa duração. Ao utilizar nanopartículas na conceção dos eléctrodos, os investigadores conseguiram melhorar significativamente a capacidade de armazenamento e a estabilidade das baterias de iões de lítio. A bateria desenvolvida oferece uma elevada densidade energética, significa que pode armazenar mais energia num determinado volume, e tem também uma longa duração, o que a torna mais fiável para uma utilização a longo prazo. Este avanço nas baterias de iões de lítio abre caminho a aplicações mais eficientes e sustentáveis nos sectores da energia e da mobilidade eléctrica.

Em suma, os estudos efectuados por Li et al (2021) e Zheng et al (2020) sublinham o papel crucial das nanopartículas nas aplicações energéticas. A utilização de nanopartículas em células solares permitiu atingir eficiências recorde de conversão de energia, abrindo caminho a uma energia solar mais abundante e económica. Do mesmo modo, a integração de nanopartículas em baterias de iões de lítio conduziu a um melhor desempenho em termos de densidade energética e longevidade, abrindo novas perspectivas para o armazenamento de energia e a mobilidade eléctrica. Esta investigação testemunha a importância crescente das nanopartículas na procura de soluções energéticas sustentáveis e eficientes para responder aos desafios energéticos que a sociedade moderna enfrenta.

V II.4. Catálise

As propriedades únicas das nanopartículas, em particular a sua grande área de superfície específica e a sua elevada atividade catalítica, abrem oportunidades interessantes no domínio da catálise química. Esta elevada atividade catalítica deve-se à sua relação superfície/volume muito elevada, que permite que as reacções químicas ocorram de forma mais eficiente na superfície das nanopartículas. Vários investigadores contribuíram para a investigação sobre a utilização de nanopartículas na catálise química, nomeadamente em aplicações ligadas aos catalisadores para automóveis.

V II.4.1. Utilização de nanopartículas de platina em catalisadores para automóveis

As nanopartículas de platina têm aplicações importantes em conversores catalíticos para automóveis para reduzir as emissões de poluentes. Estudos realizados por Haruta et al (2017) e Tsoncheva et al (2020) investigaram a utilização de nanopartículas de platina como catalisadores eficazes para a remoção de poluentes nocivos dos gases de escape dos veículos. A grande área de superfície específica das nanopartículas de platina permite uma maior reatividade e uma redução significativa da quantidade de platina necessária, o que reduz significativamente os custos de produção dos catalisadores, melhorando simultaneamente o seu desempenho global. Esta tecnologia desempenha um papel crucial na redução das emissões de poluentes atmosféricos dos veículos, ajudando a melhorar a qualidade do ar e a proteger o ambiente.

V II.4.2. Outras aplicações das nanopartículas na catálise química

Para além dos conversores catalíticos para automóveis, as nanopartículas têm aplicações importantes em muitos outros processos de catálise química. Investigadores como Zhang et al. (2019)[92] e Li et al. (2020)[93] estudaram a utilização de nanopartículas de metais como o paládio, o ródio e o níquel em reacções catalíticas para a produção de produtos químicos de elevado valor acrescentado. As nanopartículas catalíticas são utilizadas em reacções de síntese, transformações químicas selectivas e reacções de oxidação para produzir vários compostos químicos utilizados nas indústrias farmacêutica, química e petroquímica.

De um modo geral, as nanopartículas desempenham um papel crucial na catálise química devido à sua grande área de superfície específica e à sua elevada atividade catalítica. A utilização de nanopartículas de platina em conversores catalíticos para automóveis é uma aplicação importante que permite reduzir as emissões poluentes dos veículos, melhorando simultaneamente a sua eficiência e reduzindo os custos de produção. Além disso, as nanopartículas catalíticas têm aplicações generalizadas na produção de produtos químicos de elevado valor acrescentado numa série de sectores industriais. A investigação em curso neste domínio por cientistas como Haruta, Tsoncheva, Zhang e Li está a contribuir para o avanço da catálise química e para o desenvolvimento de soluções mais sustentáveis e eficientes para os desafios que a sociedade moderna enfrenta.

V II.5. Ciências do ambiente

As aplicações das nanopartículas nas ciências ambientais desempenham um papel essencial na luta contra a poluição da água, do ar e do solo. Para além dos estudos de Zhang et al (2021) e Wang et al (2020), outros investigadores contribuíram igualmente para esta investigação inovadora [94].

V II.5.1. Tratamento da água com de óxido de ferro

No estudo теnёе de Zhang et al. em 2021, os pesquisadores examinaram 1 uso nanopartículas de óxido de ferro para o tratamento de 1 água contaminada com mëtals pesados. Metais pesados, como chumbo, mercúrio e cádmio, são poluentes tóxicos para o meio ambiente e a saúde humana. A remoção destes iões de metais pesados da água é essencial para evitar a contaminação da água potável e a degradação dos ecossistemas aquáticos. Os investigadores desenvolveram um adsorvente à base nanopartículas de óxido de ferro que actua como um íman para atrair e reter seletivamente os iões de metais pesados presentes na água contaminada. A elevada eficiência deste adsorvente termos de eliminação de metais pesados oferece uma solução promissora para o tratamento de águas contaminadas, ajudando a melhorar a qualidade da água e a proteger os recursos hídricos.

Para além do estudo de Zhang et al. (2021), outros investigadores também exploraram a utilização de de óxido de ferro para o tratamento de águas contaminadas. Por exemplo, um estudo de Wang et al. (2019) mostrou a eficácia de um adsorvente baseado nanopartículas de óxido de ferro na remoção de metais pesados, como cobre e chumbo, da água contaminada. Estas nanopartículas atuam como ímanes para atrair e capturar seletivamente iões de metais pesados, permitindo que a água contaminada seja purificada de forma eficaz.

V II.5.2. Purificação do ar com nanopartículas de dióxido de titânio

No estudo realizado por Wang et al. em 2020, os investigadores analisaram a utilização de nanopartículas de dióxido de titânio para a purificação do ar. A poluição atmosférica, causada nomeadamente por poluentes como o formaldeído e os óxidos de azoto, constitui um problema ambiental importante que afecta a qualidade do ar e a saúde pública. Os investigadores desenvolveram um filtro de ar fotocatalítico baseado em nanopartículas de dióxido de titânio que reage com os poluentes atmosféricos sob a ação do 1umiëre. Este processo fotocatalítico decompõe os poluentes em substâncias inofensivas, ajudando a purificar o ar. Este filtro de ar fotocatalítico oferece uma abordagem inovadora para reduzir a poluição atmosférica em ambientes urbanos e industriais, melhorando assim a qualidade do ar e a saúde respiratória. Para além do estudo de Wang et al (2020), outros investigadores examinaram também a utilização de nanopartículas de dióxido de titânio para a purificação do ar. Por exemplo, um estudo de Li et al. (2019) relatou o desenvolvimento de um filtro de ar fotocatalítico baseado em nanopartículas de dióxido de titânio para remover poluentes gasosos, como compostos orgânicos voláteis (VOCs) e óxidos de nitrogênio. Quando as nanopartículas de dióxido de titânio são expostas à luz, activam uma reação fotocatalítica que decompõe os poluentes em substâncias inofensivas, purificando assim o ar ambiente.

V II.5.3. Remediação do solo com nanopartículas

Para além das aplicações no tratamento da água e na purificação do ar, as nanopartículas são também utilizadas para a remediação de solos contaminados. Um ëstudo de Chen et al. (2018)[95] explorou o uso de nanopartículas de ferro zero-valente para a degradação de poluentes orgânicos em solos contaminados. As nanopartículas de ferro zero-valente reagem com poluentes orgânicos, como hidrocarbonetos e pesticidas, e degradam-nos em produtos menos nocivos, contribuindo assim para a descontaminação de solos poluídos.

Em conclusão, as nanopartículas oferecem perspetivas promissoras para o tratamento da água, a purificação do ar e a remediação do solo nas ciências ambientais. Os estudos efectuados por Zhang et al (2021) e Wang et al (2020) são apoiados por outras investigações realizadas por investigadores como Wang et al (2019) e Li et al (2019), que demonstraram a eficácia das nanopartículas de óxido de ferro e de dióxido de titânio nestas aplicações ambientais críticas. Estes avanços científicos abrem novas possibilidades para resolver problemas de poluição ambiental e contribuem para a preservação do nosso planeta para as gerações futuras.

VII.6. Alimentação eléctrica

A integração da nanotecnologia na indústria alimentar oferece série de melhorias significativas em termos de produção, transformação, proteção e embalagem dos alimentos. Muitos autores contribuíram para a investigação neste domínio, explorando as diferentes aplicações e benefícios da nanotecnologia na indústria alimentar[96].

VIII 6.1. Melhorias sensoriais e aumento da absorção

As nanopartículas podem ser utilizadas para melhorar as propriedades sensoriais dos alimentos, modificando o sabor, a cor e a textura. Estudos de Liu et al. (2017) e Lim et al. (2019) investigaram o uso de nanopartículas para melhorar a libertação controlada de sabores e coresmelhorando assim a experiência de sabor para os consumidores. Além disso, a nanotecnologia pode aumentar a absorção de nutrientes nos alimentos, melhorando a biodisponibilidade de compostos bioativos e nutrientes essenciais. Investigadores como Velikov et al (2016) investigaram a utilização de nanopartículas na entrega direcionada de nutrientes para uma melhor absorção pelo organismo.

IX I.6.2. Estabilização de ingredientes activos

A nanotecnologia também desempenha um papel crucial na estabilização de ingredientes activos, como os nutracêuticos, presentes nos alimentos. ^As nanopartículas podem proteger esses ingredientes sensíveis da degradação devido à luz, худёно e humidade. Estudos de Tan et al (2018) e McClements et al (2019) exploraram o uso de nanopartículas para estabilizar nutracêuticos e melhorar sua vida útil.

X II.6.3. Embalagens alimentares com propriedades antimicrobianas

A utilização de nanomateriais em embalagens de alimentos oferece benefícios significativos, incluindo a libertação controlada de substâncias antimicrobianas para prolongar o prazo de validade dos alimentos. Investigadores como Espitia et al (2018) desenvolveram filmes nanocompósitos com propriedades antimicrobianas, incorporando nanopartículas antimicrobianas no material de embalagem. Estas películas podem eliminar eficazmente os micróbios patogénicos e proteger os alimentos da contaminação bacteriana.

XI I.6.4. Sensores para segurança alimentar

A nanotecnologia está também a ser utilizada para desenvolver sensores sensíveis e seletivos que detetam contaminantes e agentes patogénicos alimentares. Estudos realizados por Xu et al (2017) e Liu et al (2020) apresentaram sensores baseados em nanopartículas para a deteção rápida de contaminantes, como pesticidas e toxinas alimentares, ajudando a melhorar a segurança alimentar.

Em suma, a integração da nanotecnologia na indústria alimentar oferece múltiplos benefícios incluindo a melhoria sensorial, a estabilização de ingredientes activos, a segurança alimentar graças às propriedades antimicrobianas das embalagens e a deteção rápida de contaminantes alimentares. Estes avanços tecnológicos continuam evoluir graças à investigação de cientistas e investigadores como Liu, Lim, Velikov, Tan, McClements, Espitia, Xu e Liu, que estão a ajudar *a* moldar um futuro mais seguro, sustentável e amëliorë para a indústria alimentar.

XII I. Nanopartículas de óxido de prata e de óxido de níquel

VIII.1 Informações de carácter geral

As nanopartículas de óxido de mëtalIIque incluindo o óxido de prata (*Ag2O*) e o óxido de níquel (NiO), são estruturas nanométricas compostas por óxidos de mëtal. O seu pequeno tamanho e as suas propriëtës únicas estão a atrair um grande interesse na investigação científica e estão a encontrar inúmeras aplicações em vários campos.

As caraterísticas comuns das de óxido metálico incluem [97]:

- **Tamanho nanométrico:** de óxido de metal variam tipicamente em tamanho de algumas a várias dezenas de nanometros. A sua pequena dimensão confere-lhes propriedades específicas, tais uma grande área de superfície específica, uma melhor reatividade química e propriedades ópticas únicas.
- **Área de superfície específica elevada:** Devido ao seu tamanho nanométrico, de óxido metálico têm uma área de superfície específica elevada em relação ao seu volume. Esta caraterística é vantajosa para muitas aplicações, particularmente em catálise e adsorção.
- **Propriedades ópticas:** de óxido metálico podem apresentar propriedades ópticas interessantes, como a ressonância plasmónica, que dependem do seu tamanho e forma. Isto torna-as úteis em áreas como a imagiologia médica, a deteção de gases e as aplicações optoelectrónicas.
- **Várias aplicações:** de óxido metálico têm aplicações em muitos domínios, como a catálise, a eletrónica, o armazenamento de energia, a medicina, a imagiologia médica, a purificação da água, os revestimentos antibacterianos, os sensores e muitos outros.
- **Propriedades ajustáveis:** As propriedades das de óxido metálico podem ser ajustadas através da modificação do seu tamanho, forma e composição química. Isto torna possível conceber nanopartículas com propriedades específicas para aplicações específicas.

Apesar das suas muitas aplicações promissoras, a utilização de de óxido de mëtalIIque também levanta questões sobre a sua estabilidade, toxicidade e impacto ambiental. Consequentemente, a investigação em curso nesta área visa obter uma melhor compreensão destes materiais e desenvolver abordagens responsáveis para a sua utilização em aplicações práticas. As nanopartículas de óxidos metálicos, como o óxido de prata e o óxido de níquel, têm propriedades únicas que abrem novas perspectivas de inovação tecnológica e científica em vários domínios, desde a medicina à eletrónica e ao ambiente[13]. As principais caraterísticas das nanopartículas de óxido metálico Ag2O e NiO são apresentadas na Tabela II.2 e na Tabela II.3, respetivamente.

Tabela II. 2: Principais caraterísticas do Ag2O.

Especificações	Ag2O
Parâmetros da malha (A°)	a = b = c = 4,17 a=p=y=90°
Densidade (g/cm3)	7.14
Massa molecular (g/mol)	231.735
Ponto de fusão (°C)	300

Comprimento da ligação Ag -O (°A)	0.25
Grupo espacial	Pn3m

Tabela II. 3: Principais caraterísticas *do* NiO.

Especificações	**NiO**
Parâmetros da malha (A°)	a = b = c = 4,17; a=p=y=90°.
Densidade (g/cm3)	6.72
Massa molecular (g/mol)	74,692 8
Ponto de fusão (°C)	1 984
Comprimento da ligação Ni -O (°A)	0.25
Grupo espacial	F m -3 m

VIII.2 Aplicações das de óxido de prata Ag2O-NPs

As nanopartículas de óxido de prata (Ag_2O) têm muitas aplicações devido às suas propriedades antimicrobianas, catalíticas e ópticas únicas. Apresentamos de seguida algumas aplicações importantes das de óxido de prata, citando estudos específicos:

V III.2.1. Aplicações antimicrobianas

Estudo de Li et al (2020)[98]: Este estudo demonstrou que as nanopartículas de óxido de prata tinham uma forte atividade antimicrobiana contra diferentes estirpes de bactérias e fungos. Têm sido utilizadas com sucesso para desenvolver revestimentos antimicrobianos em superfícies de dispositivos médicos, têxteis e embalagens de alimentos para reduzir a contaminação bacteriana.

De acordo com o estudo de Jha et al (2019) [99]: de óxido de prata foram usadas para preparar um curativo antibacteriano para acelerar a cicatrização de feridas e prevenir infecções. Os resultados mostraram que o curativo à base de nanopartículas de óxido de prata exibiu atividade antimicrobiana eficaz contra bactérias patogênicas.

V III.2.2. Aplicações catalíticas

Estudo de Ming et al (2016)[100]: Este estudo examinou as propriedades catalíticas das de óxido de prata na reação de redução eletroquímica do dióxido de carbono (CO_2) em monóxido de carbono (CO). Os investigadores descobriram que de óxido de prata apresentam uma elevada atividade catalítica para esta reação, tornando-as potenciais candidatas à conversão de CO_2 em combustíveis e produtos químicos úteis.

V III.2.3. Aplicações ópticas

Estudo de Danish et al (2022) [101]: Este estudo explorou as propriedades ópticas das de óxido de prata para aplicações em nanofotónica. Os investigadores demonstraram que de óxido de prata apresentam uma forte ressonância plasmónica no espetro do infravermelho próximo, o que as torna úteis para amplificar sinais ópticos e melhorar a sensibilidade de deteção.

Para além das aplicações antimicrobianas, catalíticas, ópticas e eléctricas acima referidas, as nanopartículas de óxido de prata (Ag_2O) também outras aplicações importantes em vários domínios. Apresentamos de seguida algumas dessas aplicações adicionais, citando estudos específicos:

V III.2.4. Aplicações na deteção de gases

Estudo de Nayel et al (2020)[102]: Este estudo explorou a utilização de de óxido de prata para a deteção de gases, em particular amoníaco. Os investigadores desenvolveram um sensor à base de nanopartículas de óxido de prata que demonstrou uma elevada sensibilidade e seletividade para a deteção de amoníaco, abrindo potenciais aplicações no controlo da qualidade do ar e na monitorização ambiental.

V III.2.5. Aplicações em dispositivos médicos

Estudo de Rashmi et al (2017)[103]: Este estudo examinou a utilização de de óxido de prata para melhorar as propriedades antibacterianas de dispositivos médicos, como os cateteres. Os investigadores desenvolveram revestimentos à base de de óxido de prata que reduziram a formação de biofilme bacteriano nas superfícies dos cateteres, ajudando assim a prevenir infecções associadas aos cuidados de saúde.

V III.2.6. Aplicações em materiais compósitos

Estudo de Cobos et al (2020)[104]: Este estudo investigou a utilização de de óxido de prata para melhorar as propriedades mecânicas e antimicrobianas de materiais compósitos. Os investigadores incorporaram de óxido de prata numa matriz polimérica para melhorar a resistência mecânica do material, conferindo-lhe simultaneamente propriedades antimicrobianas, que poderão ser úteis no fabrico de vários produtos, tais como embalagens, revestimentos e dispositivos médicos.

V III.2.7. Atividade antioxidante

A atividade antioxidante das nanopartículas de óxido de prata (Ag_2O) é também uma área de investigação promissora devido ao seu potencial para neutralizar espécies reactivas de oxigénio e à sua capacidade de proteger as células contra o stress oxidativo. Eis alguns estudos actualizados sobre a atividade antioxidante das de óxido de prata:

4- Estudo de Daoudi et al (2022)[105]: Este estudo avaliou a atividade antioxidante das de óxido de prata em sistemas celulares em cultura. Os investigadores mostraram que de óxido de prata tinham uma atividade antioxidante significativa, neutralizando os radicais livres e protegendo as células contra os danos oxidativos. Estes resultados sugerem que de óxido de prata podem ter aplicações potenciais *na* proteção contra o stress oxidativo em várias condições patológicas.

4- Estudo de Kokila et al (2022)[106]: Este estudo examinou a atividade antioxidante das de óxido de prata no contexto da proteção das células contra as radiações ionizantes. Os investigadores demonstraram que de óxido de prata podem atenuar os efeitos nocivos das radiações neutralizando as espécies reactivas de oxigénio produzidas pelas radiações, o que sugere uma utilização potencial das de óxido de prata na proteção contra as radiações.

4- Estudo de Ullah et al (2023)[12]: Este ëstudo investigou a atividade antioxidante de de óxido de prata em modelos animais de estresse oxidativo induzido por fatores ambientais. Os pesquisadores descobriram que de óxido de prata podem reduzir os níveis de estresse oxidativo e proteger os tecidos contra danos oxidativos, sugerindo seu potencial para aplicações terapêuticas em doenças de estresse oxidativo.

Estas aplicações adicionais demonstram a versatilidade e a importância das de óxido de prata em diferentes domínios, desde a deteção de gases até ao fabrico de dispositivos médicos e materiais compósitos. O seu potencial para aplicações inovadoras continua a ser explorado, e é essencial continuar a investigação sobre as suas propriedades e impacto para a sua utilização responsável e eficaz nestes domínios.

VIII.3. Aplicações das de óxido de níquel NiO

As nanopartículas de óxido de níquel (NiO) têm propriedades únicas que as tornam úteis numa variedade de aplicações. Eis algumas das suas aplicações, citando estudos actuais:

V **III.3.1. Aplicações catalíticas**

Estudo de Hasan et al (2019)[107]: Este estudo examinou a utilização de de óxido de níquel como catalisadores para a conversão de dióxido de carbono (CO2) em produtos químicos úteis, como o metano e o metanol. Os pesquisadores mostraram que de óxido de níquel exibem atividade catalítica alta e seletiva nesta reação de conversão, abrindo perspectivas para o uso de CO2 como matéria-prima em processos químicos sustentáveis.

V **III.3.2. Aplicações em baterias**

Estudo de Chen et al (2021) [108]: Este estudo explorou a utilização de de óxido de níquel em baterias de iões de lítio. Os investigadores desenvolveram nanoestruturas de óxido de níquel que melhoraram a capacidade de armazenamento de energia e a estabilidade cíclica dos eléctrodos da bateria, tornando-os candidatos promissores para baterias recarregáveis de alto desempenho.

V **III.3.3. Aplicações em dispositivos electrónicos**

Estudo de Yousaf et al (2020) [109]: Este estudo investigou as propriedades eléctricas das de óxido de níquel para utilização em dispositivos electrónicos flexíveis. Os investigadores demonstraram que de óxido de níquel podem ser utilizadas como material semicondutor em transístores flexíveis, abrindo aplicações em eletrónica portátil e dispositivos electrónicos flexíveis.

V **III.3.4. Aplicações na deteção de gases**

Estudo de Juang et al (2022) [110]: Este estudo investigou a utilização de de óxido de níquel para a deteção de gases, em particular amoníaco. Os investigadores desenvolveram um sensor baseado em de óxido de níquel que mostrou uma elevada sensibilidade e seletividade para a deteção de amoníaco, o que poderá ser útil em aplicações de monitorização ambiental e de controlo da qualidade do ar.

V **III.3.5. Aplicações em medicina**

Estudo de Stremoukhov et al (2021) [111]: Este estudo explorou a utilização de de óxido de níquel como agentes de imagem por ressonância magnética (MRI) para monitorizar tumores cancerígenos. Os investigadores desenvolveram de óxido de níquel com uma superfície funcionalizada para atingir especificamente as células tumorais, melhorando assim a sensibilidade e a especificidade da imagiologia por RMN para o diagnóstico precoce do cancro.

V **III.3.6. Aplicações na degradação catalítica de poluentes**

Estudo de Khan et al (2022)[112]: Este estudo examinou a utilização de de óxido de níquel na degradação de poluentes orgânicos, como os corantes azóicos utilizados na indústria têxtil. Os investigadores demonstraram que de óxido de níquel eram altamente eficazes na decomposição destes poluentes sob o efeito da luz solar, abrindo perspectivas para a sua utilização no tratamento de águas residuais industriais.

V **III.3.7. Aplicações em sensores de gás**

Estudo de Juang et al (2022)[110]: Este estudo investigou as propriedades das de óxido de níquel para a deteção de gases tóxicos, como o monóxido de carbono (CO) e o amoníaco (NH_3). Os investigadores desenvolveram sensores baseados em de óxido de níquel que demonstraram grande sensibilidade e seletividade para detetar estes gases em concentrações muito baixas, abrindo potenciais aplicações na monitorização da qualidade do ar e na segurança industrial.

V **III.3.8. Aplicações em materiais compósitos**

Estudo de Parvathi et al (2018) [113]: Este estudo explorou o uso de de óxido de níquel para melhorar as propriedades mecânicas e térmicas de materiais compósitos. Os pesquisadores incorporaram de óxido de níquel em uma matriz de polimëre, resultando em materiais compósitos com maior resistência mecânica e melhor condutividade térmica, abrindo potenciais aplicações nas indústrias automotiva e aeroespacial.

V III.3.9. Atividade antioxidante

A atividade antioxidante das nanopartículas de óxido de níquel (NiO) é uma área de investigação interessante devido ao seu potencial para neutralizar as espécies reactivas de oxigénio, que podem causar danos oxidativos nas células e nos tecidos. Eis alguns estudos actualizados sobre a atividade antioxidante das nanopartículas de óxido de níquel:

Estudo de Riaz et al (2022) [114]: Este estudo avaliou atividade antioxidante das de óxido de níquel em sistemas biológicos utilizando testes in vitro e in vivo. Os investigadores observaram que de óxido de níquel apresentavam uma atividade antioxidante significativa, reduzindo os níveis de stress oxidativo nas células e protegendo os tecidos dos danos oxidativos. Estes resultados sugerem que de óxido de níquel podem ser promissoras para aplicações terapêuticas ligadas à luta contra o stress oxidativo.

Estudo de Gobi et al (2023) [115]: Este estudo examinou a atividade antioxidante das de óxido de níquel em sistemas alimentares. Os pesquisadores incorporaram de óxido de níquel em embalagens de alimentos e descobriram que elas poderiam prevenir a oxidação dos alimentos, estendendo assim sua vida útil. Estes resultados indicam que de óxido de níquel podem ser utilizadas como aditivos antioxidantes na indústria alimentar.

Estudo de Arshak et al (2023) [116]: Este estudo investigou a atividade antioxidante das de óxido de níquel no contexto da proteção das células contra os danos induzidos pela radiação ionizante. Os investigadores mostraram que de óxido de níquel podem proteger as células contra os efeitos nocivos da radiação, neutralizando as espécies reactivas de oxigénio geradas pela radiação. Estes resultados sugerem uma aplicação potencial das de óxido de níquel na proteção contra as radiações.

Estes estudos adicionais demonstram a diversidade de aplicações das de óxido de níquel, que vão desde a medicina à degradação de poluentes, sensores de gás, catálise, baterias, eletrónica e materiais compósitos. O seu potencial em muitas áreas torna-as um tópico de investigação em rápido crescimento, e é essencial continuar a estudar as suas propriedades e impacto para garantir que são utilizadas de forma responsável e eficaz nestas aplicações.

IX. Métodos de caraterização das nanopartículas

As nanopartículas podem ser sintetizadas a partir de diferentes materiais, como metais, óxidos, polímeros, nanopartículas orgânicas, etc. São utilizados vários métodos para caraterizar estas nanopartículas. Os métodos mais utilizados são :

IX.1. Difração de raios X (XRD)

Ao bombardear um bloco de metal, denominado contracátodo, com electrões altamente acelerados, torna-se uma fonte de raios X. O comprimento de onda dos raios X é da ordem de um angstrom (1A°=0,1 nm), o que corresponde a uma frequência muito superior à da luz visível. A espetroscopia de raios X desempenha o papel dos níveis de energia mais profundos dos átomos pesados (o número atómico Z é bastante elevado). A radiação emitida pode ser analisada por um espetrómetro. Quando os raios X atingem o cristal (Figura II.6), podem ser difractados pelo plano da rede. Os raios difractados só são obtidos para certos ângulos 0 que satisfazem a lei de Bragg (Equação II.1), ou há interferência construtiva entre os diferentes raios rSflSchis ou transmitidos.

$$n\lambda = 2.d.\sin\theta \qquad \text{(II.1)}$$

Onde d é a distância entre dois planos de malha consecutivos, X é o comprimento de onda do feixe e n é um número inteiro correspondente à ordem de difração. As imagens obtidas por análise microscópica sob a forma de fibras, esclatos ou aglomerados não são suficientes, por si só, para dar uma ideia da forma e da dimensão dos cristalitos. Os pós são caracterizados por difração de raios X, que fornece informações sobre as fases presentes e sobre o tamanho e a morfologia das plaquetas através da análise da largura dos picos de difração. A equação adequada para o cálculo da dimensão dos cristais é então calculada a partir dos três eixos c, a e b; a foi desenvolvida por Scherrer (equação II.2) [117] :

$$D = \frac{k\lambda}{\Delta H \times \cos\theta} \qquad \text{(II.2)}$$

$(k = 0{,}9), \lambda, \Delta H$ Onde D é o tamanho do cristalito, k é a constante de Scherrer é o comprimento de onda dos raios X, é a largura da linha a meio máximo (FWHM), calculada usando o software Origin 2016. Os pós foram analisados por difração de raios X utilizando um DIFRACTOMETRO PHASER (BRUKER, BILLERICA, MASSACHUSETTS, EUA) na configuração teta-teta, com a amostra rodada a 0,5 rpm no plano do goniómetro. $\lambda_{Cu}\ K_{\alpha 1} = 1{,}54060$ Å) O contracátodo para a geração de raios X é feito de cobre (radiação com uma corrente de 10 mA e uma tensão de 30 kV num ângulo 20 entre 2° e 90°.

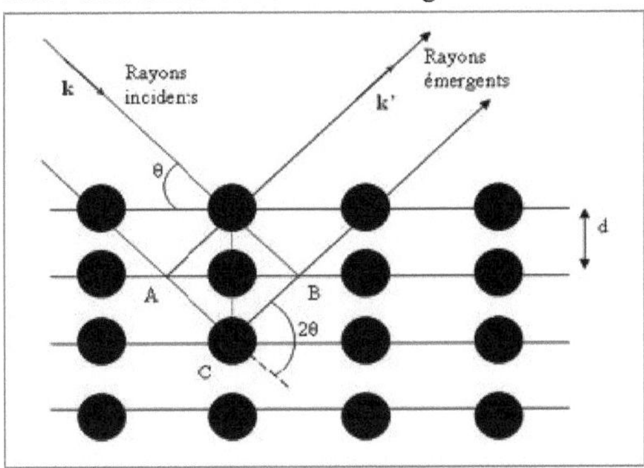

Figura II. 6: Ilustração da teoria fundamental da difração de raios X, k: raios incidentes, k': raios ë emergentes.

IX.2. Espectroscopia de infravermelhos com transformada de Fourier (FTIR)

A FTIR é utilizada para determinar a estrutura molecular de materiais orgânicos e inorgânicos (pós, sólidos, líquidos ou gases). A espetroscopia de infravermelhos (IR) está subdividida em três gamas de comprimentos de onda na figura II.7 infravermelho distante entre 25 *e* 1000 pm (400-10 cm^{-1}), infravermelho médio entre 2,5 e 25 pm (400 - 4000 cm^{-1}), infravermelho próximo entre 0,8 e 2,5 pm (12500 - 4000 $cm^{-1)}$. No entanto, é na faixa do infravermelho médio que encontramos as ënergias caraterísticas das vibrações moleculares e obtemos as ënergias caraterísticas das vibrações moleculares.

informações sobre a estrutura molecular e o ambiente local das ligações químicas [99].

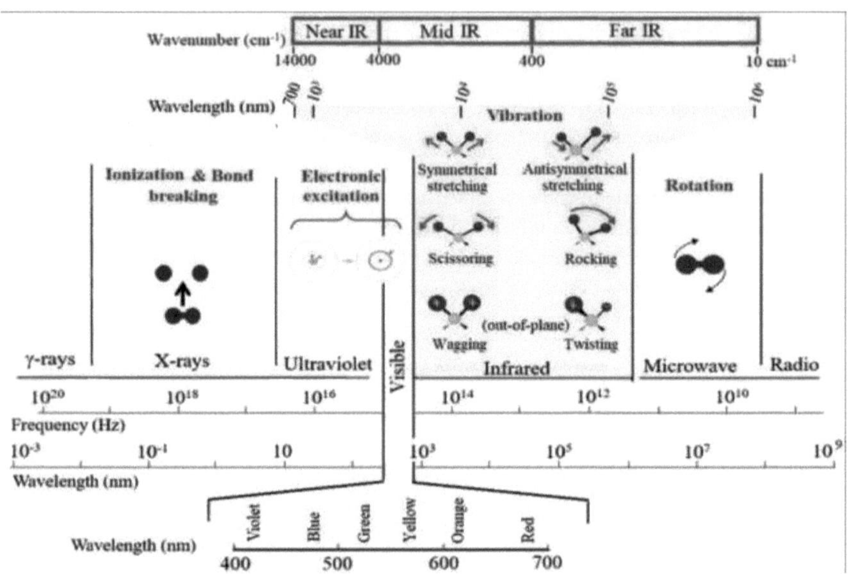

Figura II. 7: Descrição esquemática das regiões da radiação electromagnética, mostrando os processos moleculares representativos que ocorrem em cada região.

O princípio é que quando a energia (comprimento de onda) fornecida pela radiação electromagnética está próxima da energia vibratória da molécula, esta absorve parte da radiação, o que é conhecido como ressonância, e deve satisfazer a relação de Planck. Equação de Einstein II.3).

$$\Delta E = hv \qquad \text{(II.3)}$$

ΔE Então: a mudança de energia entre dois estados quânticos, h é a **constante** de Planck e v é a frequência do comprimento de onda.

Consequentemente, são observadas no espetro bandas de absorção com assinaturas ënergëticas de movimentos de ligação e vibração. A análise de pós usando esta técnica de infravermelho requer a formação de grânulos que são fáceis de manusear. O pó é disperso numa matriz de KBr transparente ao infravermelho e comprimido para formar grânulos. As amostras foram analisadas utilizando partículas de KBr num espetrofotómetro FTIR Vertex 70 DTGS, cobrindo uma gama de 400 a 4000 cm^{-1}.

IX.3. Microscópio eletrónico de varrimento (SEM)

O microscópio eletrónico de varrimento tem a capacidade de gerar imagens de superfícies para uma vasta gama de materiais sólidos, cobrindo escalas desde a observação ampliada através de uma lupa (x10) até uma resolução semelhante à de um microscópio eletrónico de transmissão (x500.000 ou mais). A imagem produzida pelo microscópio eletrónico de varrimento é uma reconstrução: um feixe electrões (designado por sonda) explora a superfície da amostra situada na câmara do microscópio. Um detetor capta sincronizadamente o sinal gerado por esta sonda, transformando-o numa imagem que mapeia a intensidade do sinal.

A configuração do microscópio eletrónico de varrimento consiste numa fonte de electrões que é focada num diafragma por um conjunto de lentes denominado "condensador". Em seguida, outro conjunto de lentes, a "objetiva", refoca este feixe num ponto muito estreito (<15 a 200 A) da amostra. Um grupo de bobinas de deflexão move o feixe, permitindo que a amostra seja varrida metodicamente, formando a sonda. capacidades de formação de imagens do microscópio dependem dos parâmetros do feixe de electrões, em especial da dimensão da sonda (dimensão do ponto), do ângulo de abertura (ângulo de abertura) e da intensidade do feixe (intensidade do feixe). A figura seguinte ilustra o diagrama de funcionamento de um microscópio eletrónico de varrimento (Figura II.8).

No caso do EDX associado ao SEM, é possível determinar a composição da amostra. O princípio é descrito da seguinte forma: Quando o feixe de electrões interage com a amostra a analisar, os electrões do nível do cadinho são ejectados. A desexcitação dos átomos ionizados ocorre através da transição dos electrões do nível de energia exterior para o gap. A energia utilizável é libertada pela emissão de fotões X ou de electrões Auger. Os fotões de raios X são caraterísticos da transição e, portanto, do elemento associado. As linhas estão indexadas em energia

(eV) ou em comprimento de onda relativo (A ou nm) de acordo com a relação 1= hc/E (X: comprimento de onda,

h: constante de Planck, c: velocidade da luz e E: energia cinética).

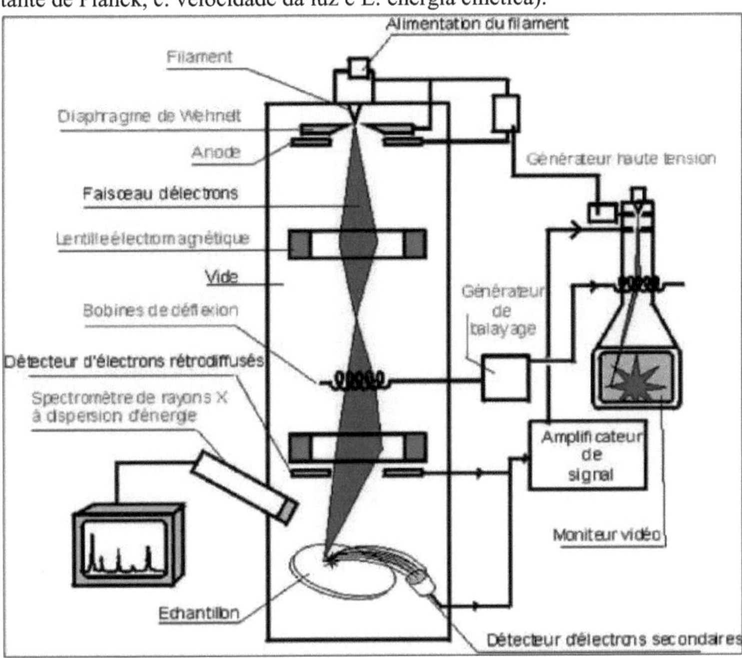

Figura II. 8: Diagrama esquemático do funcionamento do Microscópio microscópio eletrónico de varrimento (Doc. Jeol).

Para analisar a morfologia e a composição das amostras, foi utilizada uma unidade SEM acoplada a um marcador EDX (Energy Dispersive X-ray Analysis) (VEGA3 TESCAN). A série VEGA3 é uma gama de microscópios electrónicos de varrimento de filamento de tungsténio inovadores, inteiramente controlados por PC. A utilização do modo de vácuo observação direta da organização das partículas. De referir ainda que a composição da matéria-prima foi determinada com um instrumento de fluorescência de raios X PANAlytlcal EDXRF - EPSILON 3X.

IX.4. Microscopia eletrónica de transmissão (TEM)

A microscopia eletrónica de transmissão (TEM) é uma técnica muito útil para caraterizar as nanopartículas metálicas. O contraste observado na TEM resulta da diferença na capacidade das amostras para permitir ou dispersar os electrões. À medida que os

As nanopartículas de mëtaIIIque têm uma densidade eletrónica muito elevada, é possível obter imagens de muito alta qualidade. Esta técnica permite a observação direta da morfologia das amostras a uma escala nanométrica.

4- *Princípio da técnica*

O microscópio é constituído por um canhão de electrões feito de fio de tungsténio ou de hexaboreto de lantânio (LaB_6), que emite um feixe de electrões quando aquecido a uma temperatura muito elevada (2500°C para o fio de tungsténio e 1500°C para o LaB_6). É criado um vácuo elevado no interior do tubo do microscópio. Os electrões emitidos são acelerados por uma diferença de potencial de cerca de 80 a 120 kV. O microscópio inclui também dois espelhos de condensação que recolhem os electrões e controlam a remissão do feixe. O feixe de electrões é focado no microscópio sobre uma amostra suficientemente fina (menos de 200 nm) por um sistema de lentes magnéticas. O feixe de electrões atravessa então a amostra e dá uma imagem dos electrões transmitidos num ecrã ligado a uma câmara CCD. O resultado é uma fotografia da amostra.

Preparar uma amostra da solução coloidal depositando (por imersão) uma pequena gota da solução (~50 qL) numa grelha de cobre (coberta com uma película de carbono) com a forma de disco com cerca de 3 mm de diâmetro. A película de carbono tem propriedades adequadas para TEM; a elevada resistência mecânica e a condutividade térmica e eléctrica relativamente elevada limitam o carregamento e o aquecimento da amostra. Após a evaporação do solvente (secagem ao ar), a grelha é introduzida no microscópio através de um suporte de amostras adequado. O TEM tem dois modos principais de funcionamento, dependendo se são adquiridas imagens ou imagens de difração. No modo de imagem, o feixe de electrões atravessa a amostra. Dependendo da sua espessura, densidade e composição química, um material pode absorver mais ou menos electrões, especialmente os materiais ricos em electrões, como os metais. Quanto electrões um material contém, mais escuro aparece quando visto de forma transparente, dobrando um detetor no plano da imagem. Ao adotar uma abordagem de difração, em vez de nos concentrarmos na imagem formada, podemos analisar a difração dos electrões. Ajustando a tensão nas lentes magnéticas de modo a situar-se no plano focal do feixe em vez de no plano da imagem, podemos obter uma imagem de difração semelhante aos clichés de Laue obtidos na difração de raios X.

O padrão de difração típico de um cristal assume a forma de uma rede de pontos que representam a grelha recíproca. Em contraste, para um agregado, onde não existem direcções predominantes e a ordem de longo alcance está ausente, observamos, no entanto, um padrão difração anéis concêntricos. Estes anéis podem ser correlacionados com as distâncias inter-reticulares entre os planos atómicos.

IX.5. Isotérmicas de adsorção-dessorção de azoto

Para a caraterização textural, que consiste em determinar os diâmetros ou dimensões dos poros, os volumes dos poros e as superfícies específicas dos pós obtidos por síntese, são escolhidas de adsorção-dessorção de azoto a uma temperatura de 77,4 K.

a. *Princípio da adsorção-dessorção de azoto*

O conceito de adsorção-dessorção baseia-se na introdução azoto a 77,4 K no material, dando origem ao fenómeno de fisissorção do azoto. Esta molécula, com um tamanho de 0,35 nm, não só explora a superfície do material, como também penetra nos seus poros. Uma vez em equilíbrio, a quantidade adsorvida é quantificada em função do aumento da pressão (isoterma de adsorção) e da diminuição da pressão (isoterma de dessorção). Na maioria dos casos, as curvas das duas isotérmicas apresentam uma histerese, caraterística da morfologia média dos poros do sólido. A isotérmica mostra o volume de gás adsorvido por grama de amostra em função da pressão relativa do azoto P/P0. Durante a adsorção, as moléculas de azoto adsorvem-se na superfície do material, começando pelos microporos, se estes estiverem presentes. O azoto gasoso é então adsorvido nos mesoporos, acumula-se e condensa-se. Os mesoporos enchem-se então rapidamente com azoto líquido, um fenómeno conhecido como condensação capilar.

b. *Diferentes tipos de isotérmicas*

A forma das isotérmicas pode ser utilizada para caraterizar a textura do material. A classificação IUPAC distingue seis tipos de isotérmicas (figura II.9), que reflectem as propriedades porosas do material e as diferentes interações entre o adsorvente e o adsorvato.

Tipo I: isoterma de adsorção mostra que o material tem apenas microporos, que se enchem a baixa pressão. A ausência de uma plataforma indica a ausência de poros maiores.

Tipo II: Na isotérmica de adsorção, a quantidade adsorvida aumenta gradualmente com a pressão relativa. Este tipo de isotérmica ocorre com materiais não porosos ou materiais com macroporos. A adsorção é descrita como multimolecular.

Tipo IV: A isotérmica de adsorção caracteriza-se por um aumento abrupto da quantidade adsorvida, reflectindo o fenómeno da condensação capilar. A adsorção das espécies adsorvidas não é reversível, daí a histerese durante a dessorção.

Tipos III e V: As isotérmicas de adsorção diferem dos tipos II e IV a baixas pressões relativas. Estes casos são raros e só ocorrem quando água é adsorvido numa superfície hidrofóbica.

Tipo VI: Esta configuração escalonada é observada quando a superfície do material é energeticamente homogénea. As camadas adsorvidas desenvolvem-se sucessivamente.

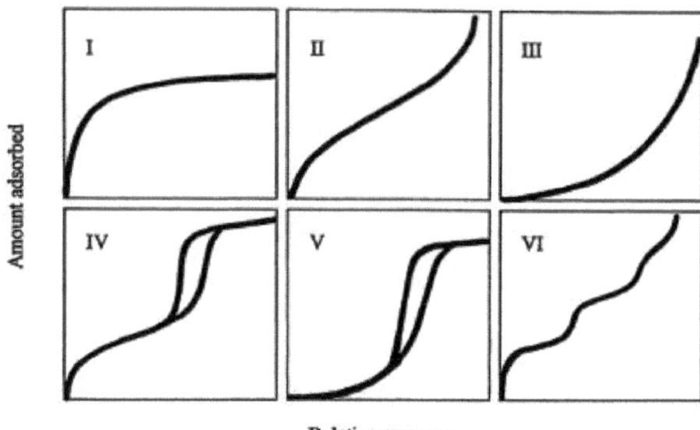

Figura II. 9: Diferentes tipos de isotérmicas de acordo com a classificação IUPAC.

Os laços de histerese também fornecem informações cruciais sobre as estruturas porosas (Figura II.10). O laço de histerese do tipo H1 apresenta ramos de adsorção e dessorção quase verticais e paralelos, indicando uma distribuição estreita dos mesoporos. O ciclo de histerese H2 ocorre quando os mesoporos comunicantes estão presentes nos adsorventes. Os poros assumem então uma forma de garrafa durante este ciclo H2. O ciclo de histerese H3 ocorre quando o adsorvente forma agregados e a condensação capilar ocorre numa textura não rígida, dando origem, neste caso, a poros em forma de fenda. Finalmente, o laço de histerese H4 é observado com adsorventes microporosos com folhas interligadas, onde a condensação capilar pode ocorrer entre estas folhas interligadas.

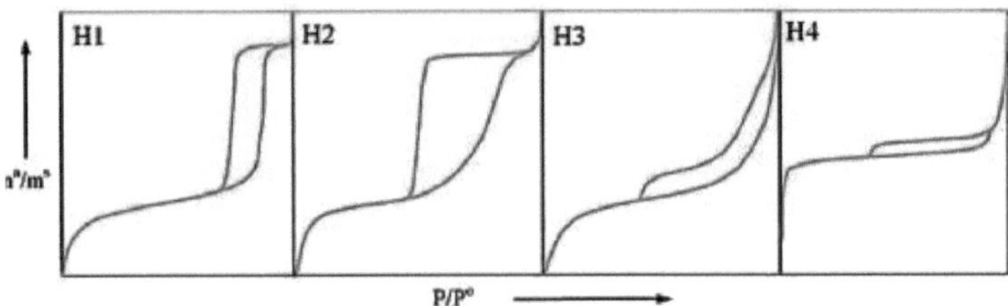

Figura II. 10: Quatro laços de hystërësis de de adsorção segundo a classificação IUPAC [reproduzido de Sing et al. (1985)]. P/Po: pressão relativa; n^a/m^s: quantis adsorvidos por grama de amostra expressos em mmol.g'[1].

c. *Determinação da superfície específica*

Em 1938, Brunauer, Emmett e Teller formularam modelo de adsorção multicamada, que é uma extensão da teoria da monocamada proposta por Langmuir em 1916. Esta extensão refere-se, portanto, às isotérmicas de tipo II a VI, uma vez que a isotérmica de tipo I é caraterística de uma adsorção monocamada. O método de Brunauer-Emmett-Teller (BET) é utilizado para determinar a superfície específica (S_{BET}), aplicando este método à isotérmica de adsorção no intervalo de pressão relativa 0,05 < P/P0 < 0,35, utilizando a seguinte equação (II.4):

$$\frac{V_{ads}}{V_{m,N_2}} = \frac{C_{N_2}X}{(1-X)\left[1+\left(C_{N_2}-1\right)X\right]} \quad (II.4)$$

Com :

- V_{ads}: volume adsorvido sob pressão p ($cm^3.g^{-1}$),
- V_m, N2: volume adsorvido para uma monocamada [$cm^3.g^{-1}$],
- X= P/Po: P é a pressão de equilíbrio da adsorção (torr) e Po é a pressão de vapor de saturação do gás (torr).
- C_{N2} representa a constante positiva de interação gás-sólido, Hëc a l^nergie d'adsorption de la premièreiëre couche E_i, a l^nergie de liquefaction de l'adsorbable E_l, a la tempërature T de l'adsorption et a la constante molaire des gaz R selon la relation (II.5) suivante:

$$C_{N_2} = \frac{E_1 - E_l}{RT} \quad (II.5)$$

A equação B.E.T. simplificada na equação (II.6) é :

$$\frac{X}{V_{ads}(1-X)} = \frac{1}{V_{m,N_2}C_{N_2}} + \frac{C-1}{V_{m,N_2}C_{N_2}}X \quad (II.6)$$

^Assim, esta teoria só é vërifiëe: quando a acë dá uma linha reta a baixa pressão parcial. A área de superfície específica (m^2g^{-1}) pode então ser deduzida do volume monomolecular e da área de superfície molecular do gás adsorvido, pela relação (II.7):

$$S_{BET} = \left(\frac{n_m^a}{m^s}\right)N_A\sigma_m \quad (II.7)$$

Com :

- n^a_m: quantidade de azoto necessária para cobrir a superfície do sólido com uma camada monomolecular,
- m^s: a massa de azoto,
- N_A: Número de Avogadro, o seu valor é: N_A=6,02 10^{23}/mol
- Cm: a superfície ocupada pelo adsorvente. σ_m No caso do azoto, = 16,2 A (Davis et al. 1947).

Podemos também calcular Vm, N_2 e C_{N2} a partir da linha BET.

O volume de poros V_p é calculado a partir do volume de gás adsorvente V_{ads} no ponto mais alto $(P/P_0 \rightarrow 1)$ pressão relativa pela equação (II.8):

$$V_p = \frac{\rho_{N_{2(g)}}}{\rho_{N_{2(l)}}} V_{ads} = 0,00155 \times V_{ads} \qquad \text{(II.8)}$$

(Com: $\rho_{N_{2(g)}} = \frac{M}{V_M}$

M: massa molar do azoto, M= 28,0314g/mol; $\rho_{N2(l)}$ = 0,8081g/cm3 e V_M = 22414 cm^3, pelo que todos os cálculos efectuados dão o valor 0,00155xVads.

d. Determinação da distribuição do tamanho dos poros

A análise das distribuições de tamanho de poros numa matëria sólida é frequentemente realizada utilizando o método desenvolvido por BJH (Barrett, Joyner e Halenda, 1951). Esta técnica explora o phënomëne de condensação capilar para pressões relativas entre 0,4 e 1, permitindo assim uma avaliação ë passo a passo das isotérmicas de adsorção- dësorção azoto num adsorvente mësoporoso. Os princípios fundamentais deste método são os seguintes:

A arquitetura porosa, considerada invariável, é constituída por mesoporos independentes caracterizados por uma geometria definida.

A adsorção multicamada ocorre nas paredes dos mesoporos de forma semelhante à observada numa superfície plana.

A aplicabilidade da lei de Kelvin é postulada nos mesoporos, fornecendo uma relação entre a pressão P à qual o gás se condensa num tubo capilar e o raio de curvatura do menisco líquido formado, conhecido como raio de Kelvin (r_k).

A lei de Kelvin é descrita **na equação II.9**:

$$r_k = \frac{-0,415}{\log\frac{P}{P_0}} \qquad \text{(II.9)}$$

A condensação capilar ocorre em mesoporos que já possuem paredes cobertas uma camada multimolecular. A espessura desta camada depende da pressão de equilíbrio, de acordo com uma relação estabelecida empiricamente, como a equação de Harkins e Jura (II.10):

$$t = \left(\frac{13,99}{0,034-\log\frac{P}{P_0}}\right)^{1/2} \qquad \text{(II.10)}$$

Com t: a espessura da camada.

Assume-se que a superfície do adsorvente, já revestida azoto adsorvido, está completamente molhada, o que significa que o ângulo de contacto é zero. Utilizando estes pressupostos, é possível calcular iterativamente a área da superfície da parede e o volume correspondente a cada classe de poro. A adição destas quantidades conduz a uma área de superfície específica acumulada e a um volume de poro acumulado.

IX.6. Dispersão dinâmica da luz (DLS)

A dispersão quasi-elástica da luz (QELS), também conhecida como dispersão dinâmica da luz (DLS), é uma técnica avançada para avaliar o diâmetro e a distribuição do tamanho das partículas de várias partículas suspensas num líquido. Este método é particularmente adequado para partículas de tamanho submicrónico, mas também é eficaz para medir partículas na gama dos nanómetros. Esta eficácia resulta da correlação entre o tamanho das partículas e o movimento browniano, que é geralmente mais rápido para as partículas mais pequenas do que para as maiores.

O processo *consiste em* irradiar as amostras com um feixe de laser e, em seguida, analisar as flutuações da intensidade da luz difundida pelas partículas. Estas flutuações são processadas utilizando a liquação de Stokes-Einstein para calcular os coeficientes de dispersão translacional. As partículas maiores induzem flutuações de luz de baixa amplitude, enquanto as partículas mais pequenas e activas apresentam flutuações de maior amplitude, como mostra a Figura II.11. Estas flutuações são depois traduzidas em valores numéricos que permitem determinar tanto os coeficientes de dispersão como os raios das partículas. A Figura II.12 apresenta um exemplo de um espetro de DLS que mostra a distribuição do tamanho das partículas em sílica [118].

4- As vantagens da técnica DLS são as seguintes

1. Não é invasivo por natureza.
2. Os resultados são obtidos em apenas alguns minutos.
3. Proporciona uma precisão significativa na determinação do tamanho hidrodinâmico de amostras monodispersas.
4. As amostras diluídas podem ser medidas.
5. As amostras podem ser analisadas numa vasta gama de concentrações.
6. Permite a deteção eficaz de amostras de elevado peso molecular.
7. É economicamente vantajoso.
8. A sua reprodutibilidade é superior à de outros métodos.

4- As desvantagens e/ou limitações da técnica DLS são as seguintes

1. A correção das diferentes fracções de tamanho com uma composição específica é difícil, uma vez que esta técnica tem em conta as partículas grandes, mesmo em quantidades reduzidas.
2. As partículas de poeira interferem consideravelmente com a intensidade da dispersão.
3. A utilização de dispersantes com uma viscosidade superior a 100 mPa.s conduz a estimativas erróneas.
4. A análise de falhas de partículas está limitada a uma gama estreita (de 1 nm a 3 pm).
5. Partículas muito espaçadas podem por vezes resultar numa resolução limitada.
6. As amostras com uma distribuição de tamanho variável podem produzir resultados imprecisos.
7. O método não é adequado para medir com precisão o tamanho de nanomateriais não esféricos.
8. A presença frequente de dispersão múltipla da luz resulta em estimativas que não são muito exactas.

fiável, particularmente em amostras ë concentradas.

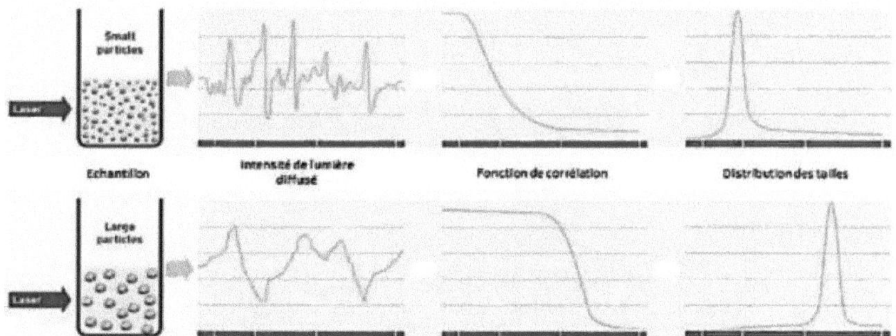

Figura II. 11: Princípio da análise dinâmica da dispersão da luz de acordo com a Documentação *do Zetasizer NanoZS (Malvern).*

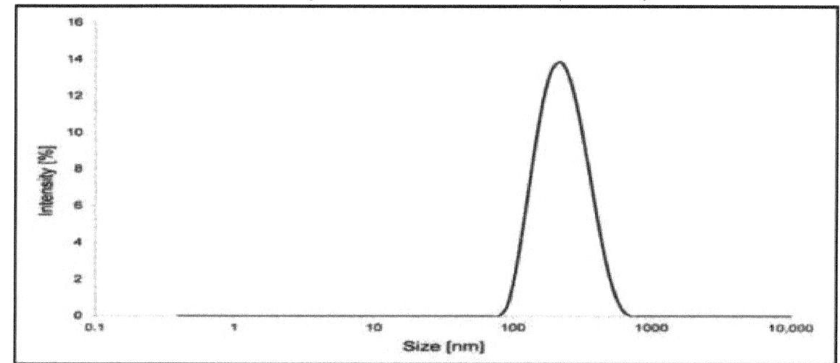

Figura II. 12: Exemplo de um espetro (DLS) que mostra a distribuição do tamanho das partículas em sílica (Boveri,2021)

IX.7. Potencial zeta

O potencial zeta, também conhecido como potencial ^, foi conceptualizado em 1903 por Marian Smoluchowski. ^^^ Este conceito refere-se ao potencial ëlectrocinëtico que existe entre o meio de dispersão (aquoso ou orgânico) e a camada de fluido estacionária ligada à partícula, ëtambém designada por dupla camada ë (EDL) (Figura II.13). Para analisar este potencial zeta, é utilizado um dispositivo chamado analisador de potencial zeta. Este aplica uma carga eléctrica através da amostra, medindo a velocidade das partículas da cadeia que se movem em direção ao elétrodo.

Os valores do potencial zeta situam-se geralmente no intervalo de +100 a 100 mV, sendo os valores de -10 a +10 mV considerados quase neutros. £ O potencial dá uma indicação da força da repulsão ou atração eletrostática entre as partículas e fornece informações cruciais sobre a estabilidade das dispersões coloidais. Um valor de potencial zeta superior a +30 mV sugere estabilidade, um valor mais negativo do que -30 mV é interpretado como um sinal de estabilidade.

O cálculo do potencial zeta desempenha um papel essencial na caraterização das nanopartículas e a sua utilização está a aumentar constantemente para estimar a carga superficial. Este facto contribui para uma melhor compreensão da estabilidade física das nanosuspensões. No entanto, deve notar-se que o potencial zeta é extremamente sensível a factores como o pH, a força iónica, a natureza do dispersante e a superfície da partícula. Por conseguinte, é comum obter valores de potencial zeta diferentes para amostras diluídas e concentradas.

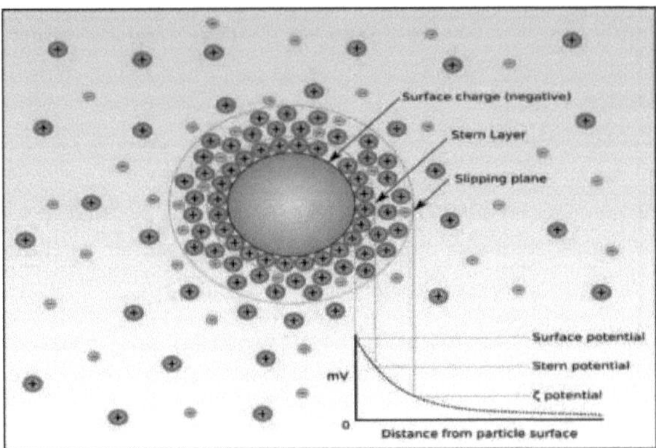

Figura II. 13: Diagrama descritivo do potencial zeta.

IX.8. Espectroscopia ultravioleta-visível

A espetroscopia UV-Vis é um método simples e económico para caraterizar nanomateriais na região espetral UV-Vis. A técnica, normalmente utilizada em química analítica, envolve a medição da intensidade da luz reflectida por uma amostra e a sua comparação com a de um material de referência. Este teste é efectuado utilizando um instrumento especializado denominado espetrofotómetro UV/Vis. A absorvância baseia-se na sua relação, designada por coeficiente de transmissão, sendo a espetroscopia UV-Vis geralmente expressa em percentagem (%). A figura II.14 ilustra a construção de um espetrofotómetro de duplo feixe. As nanopartículas são muito mais pequenas do que as partículas a granel e as suas propriedades ópticas são sensíveis *a* vários factores, tais como o tamanho, a forma, a concentração, a ragglomeração e o índice de refração. Estas propriedades são utilizadas para identificar e caraterizar nanomateriais utilizando espetroscopia UV-Vis e para avaliar a sua estabilidade em soluções coloidais.

Devido à natureza ressonante dos plasmões, a redução do tamanho das nanopartículas resulta numa mudança do comprimento de onda de absorção para comprimentos de onda mais curtos. Isto é medido por um espetrofotómetro UV que funciona na gama de 200 a 800 nm e fornece informações sobre muitos aspectos físicos da nanopartícula[119].

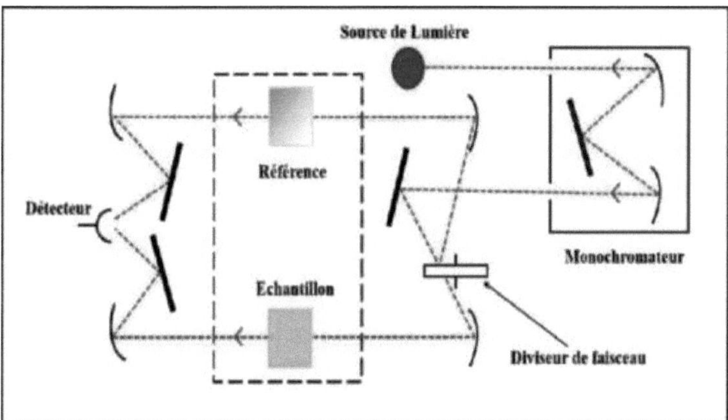

Figura II. 14: Princípio de funcionamento do espetrofotómetro UV-visível.

a. Vantagens da espetroscopia UV-vis

1. Não é necessário pessoal qualificado para operar o instrumento.
2. A análise de dados requer geralmente um processamento mínimo.
3. Os espectrofotómetros são baratos e acessíveis à maioria dos laboratórios.
4. Método não destrutivo que permite que a amostra seja reutilizada ou utilizada para processamento e análise posteriores.

b. Limitações da espetroscopia UV-vis

1. O comprimento de onda do pico desloca-se frequentemente devido a alterações no meio em que as nanopartículas metálicas existem, bem como a alterações na morfologia. A dispersão da luz, frequentemente causada por sólidos suspensos em amostras líquidas, como polímeros não conjugados, proteínas, intermediários de reação, reagentes, impurezas e até bolhas, pode levar a alterações na ressonância plasmónica, resultando em erros de medição graves.
2. O posicionamento incorreto, nomeadamente da cuvete, pode conduzir a resultados não reprodutíveis e imprecisos.
3. A agregação de nanopartículas não pode ser tida em conta sem ambiguidade.

X. Conclusão

A biossíntese de nanopartículas surgiu como uma disciplina fascinante e inovadora que combina a biologia, a química e a nanotecnologia para criar materiais de grande diversidade com propriedades surpreendentes. Este método, frequentemente designado por "síntese verde", oferece muitas vantagens, incluindo um impacto ambiental reduzido, custos mais baixos, uma produção mais simples e uma maior compatibilidade com aplicações médicas e ambientais. Os extractos de plantas, os microrganismos e outras fontes naturais tornaram-se protagonistas desta revolução tecnológica.

Os investigadores estão continuamente a desenvolver novas estratégias para o fabrico de nanopartículas com propriedades específicas, garantindo simultaneamente uma produção reprodutível e escalável. No entanto, os progressos promissores são acompanhados de desafios. A segurança e as implicações éticas associadas à utilização das nanotecnologias exigem uma atenção especial. Os investigadores e os decisores políticos devem trabalhar em conjunto para garantir que estes desenvolvimentos tecnológicos sejam utilizados de forma responsável em benefício da sociedade, minimizando simultaneamente os riscos potenciais. A sua utilização reduz a dependência de produtos químicos sintéticos e contribui para práticas de investigação respeitadoras do ambiente. No entanto, a biossíntese de nanopartículas ainda está a dar os primeiros passos e há muitas oportunidades e desafios por explorar. A investigação futura deve centrar-se na compreensão dos mecanismos biológicos subjacentes, na otimização dos métodos de síntese e na continuação da exploração de potenciais aplicações.

Existem vários métodos para caraterizar as nanopartículas, cada um oferecendo informações específicas sobre as suas propriedades físicas, químicas e estruturais. Apresentamos de seguida alguns dos métodos habitualmente utilizados:

J **Microscopia eletrónica de transmissão (TEM) e microscopia eletrónica de varrimento (SEM):** A TEM permite observar a estrutura interna das nanopartículas com resolução atómica, revelando o seu tamanho, morfologia e disposição cristalina. A MEV fornece imagens pormenorizadas da superfície para estudar a morfologia e a distribuição das partículas.

S **Difração de raios X (XRD):** Este método é utilizado para determinar a estrutura cristalina das nanopartículas através da medição da difração de raios X. Fornece informações sobre o tamanho do cristal, a composição e a fase cristalina dos materiais.

S **Espectroscopia UV-Vis e infravermelha (UV-Vis, FT-IR):** A espetroscopia UV-Vis analisa a absorção ou dispersão da luz pelas nanopartículas no espetro UV e visível, permitindo avaliar o seu tamanho, concentração e, por vezes, a sua composição. A espetroscopia FT-IR é utilizada para estudar as ligações químicas e a composição molecular das nanopartículas.

S **Análise por dispersão da luz (DLS):** Este método mede o tamanho das partículas suspensas num meio líquido através da deteção da dispersão da luz, fornecendo informações sobre o seu tamanho hidrodinâmico e distribuição de tamanhos.

S **Análise elementar (EDX, EDS):** As técnicas de análise EDX (dispersão de energia de raios X) ou EDS (espetrometria de dispersão de energia) são utilizadas para determinar a composição elementar das nanopartículas.

S **Análise da superfície específica e da porosidade (BET):** O método BET (Brunauer-Emmett-Teller) mede a área de superfície específica das nanopartículas e a distribuição do tamanho dos seus poros, fornecendo informações sobre a sua atividade de superfície e de absorção.

S **Microscopia de força atómica (AFM):** A AFM é utilizada para visualizar nanopartículas através da medição das interações entre uma sonda e a superfície das partículas, fornecendo informações pormenorizadas sobre a sua topografia a uma escala nanométrica.

Estas técnicas, combinadas ou utilizadas individualmente, fornecem dados essenciais para caraterizar as nanopartículas, compreender as suas propriedades e otimizar a sua utilização em vários domínios, como a medicina, a eletrónica, os materiais e muitas outras aplicações tecnológicas.

Em última análise, a biossíntese de nanopartículas abre caminho a avanços significativos em domínios que vão da medicina à energia, sublinhando simultaneamente a importância da inovação amiga do ambiente na nossa busca de um futuro mais sustentável.

CAPÍTULO III

Biossíntese verde nanopartículas de óxido de prata $_{Ag2O}$*, caraterização e aplicação catalítica*

I. Introdução

As nanotecnologias são definidas como "a criação e utilização de estruturas, dispositivos e sistemas caracterizados pelas suas caraterísticas distintas e variërisës e pelo seu tamanho infinitesimal, gënëralmente para processar partículas entre 1 e 100 nm de tamanho [120]. A estas escalas, o material adquire propriedades invulgares que são frequentemente diferentes das dos mesmos materiais a granel: devem ser considerados como novos compostos químicos com toxicidades e caraterísticas diferentes [121]. Recentemente, os nanomateriais à base de prata têm sido amplamente considerados como agentes antimicrobianos [122], [123], [124], [125], [126]. de óxido de prata podem ter várias aplicações sob a forma de sensores [127], células fotovoltaicas [128], catalisadores [129] e células de combustível [130]. Estes produtos podem também ser utilizados como componentes importantes em memórias ópticas [128] e dispositivos fotónicos plasmónicos [131]. Investigadores e especialistas previram o grande papel que as nanotecnologias desempenharão no desenvolvimento do mundo em desenvolvimento, daí a abundância de meios novos e revolucionários, que contribuíram para avanços em vários domínios, como o armazenamento e o transporte de energia, os produtos farmacêuticos e a medicina [132]. A síntese verde é um campo moderno da biotecnologia que é amigo do ambiente e económico como alternativa aos métodos químicos e físicos, que em muitos casos são prejudiciais para o ambiente. Neste método, os reagentes naturais são biologicamente seguros, não tóxicos e amigos do ambiente [133], ziziphora clinopodioides [134], Petiveria alliacea L. [123], Paeonia emodi [135], Centella Asiatica e Tridax [136], callistemon lanceotus (Myrtaceae) [137] e muitos outros têm sido utilizados na biossíntese de nanopartículas de óxido metálico [138].

Para a síntese verde de de óxido metálico, os investigadores utilizaram extractos de plantas que estão amplamente disponíveis na natureza. Devido à sua rapidez, eficácia ambiental e baixo custo, estas plantas são conhecidas como "plantas vitais". Têm o poder absorver os minerais, respeitando os níveis de segurança [139]. Estes métodos incluem algas, micróbios como fungos, bactérias e vírus como agentes redutores [126], [140]. O método atual tem várias vantagens, uma vez que é uma técnica rentável que não utiliza solventes ou tensioactivos [139].

Nos últimos anos, vários estudos têm sido realizados no campo da nanotecnologia, que explora materiais e extratos de plantas verdes para a biossíntese de nanopartículas de óxido de mëtaIIIque, a fim evitar os produtos químicos responsáveis pela poluição do meio ambiente. A biossíntese de nanopartículas de mëtaIIIque é rëalisëe por um método verde, utilizando diferentes fracções de plantas como agentes redutores e estabilizadores. Entre as muitas nanopartículas metálicas que têm sido estudadas, o óxido de prata é um material valioso usado em vários campos devido às suas caraterísticas únicas. É, portanto, de grande importância no domínio dos nanomateriais. As suas caraterísticas são a fotoeletricidade, a catálise e a libertação de fármacos [141], [142], cátodo em baterias recarregáveis [143]. O aumento da atividade industrial implica sempre uma grande poluição do meio ambiente por produtos químicos devido à inadequação dos sistemas de tratamento, pelo que são fortemente necessárias soluções simples e menos dispendiosas, entre as quais as nanopartículas, que já mostraram o seu potencial no tratamento de poluentes orgânicos como o azul de metileno, que é amplamente utilizado em vários sectores: química, farmacologia, medicina, biologia e têxtil [144]. A sua utilização incorrecta causa graves danos à saúde humana e ao ambiente [145], [146].

Neste estudo, pela primeira vez, foram sintetizadas e estudadas de óxido de prata Ag2O-NPs utilizando o extrato aquoso da planta H. Hirsuta. As caraterísticas das NPs *Ag2O* obtidas foram analisadas utilizando técnicas padrão, tais como UV-Vis, FT-IR, XRD e SEM. Além disso, foi avaliado um estudo das suas propriedades ópticas e da sua atividade catalítica para a degradação de corantes.

II. Materiais e métodos

II.1. . Equipamento

Os produtos utilizados são: nitrato de prata AgNO3 (99,9%, oxford LAB FINE CHEM. Índia), a planta *H. Hirsuta* foi colhida na província de Ouezzane no norte de Marrocos, hidróxido de sódio (98%, LOBA CHEMIE PVT.LTD. Índia). O material de vidro utilizado foi lavado com ácido acético e enxaguado com água destilada. Duas argamassas, uma em porcelana e a outra em zircónio.

II.2. . Preparação do extrato da planta *H. Hirsuta*

A planta *H.* A planta *Hirsuta* foi colhida em junho, seca e armazenada num local escuro à temperatura ambiente. Após cerca de dois meses, a planta *H. Hirsuta* foi lavada duas vezes com água destilada e seca à temperatura ambiente durante 48 horas, sendo depois moída até se obter um pó fino. 10 g da planta *H. Hirsuta* foram adicionados a 400 ml de água destilada num copo de 500 ml. A mistura foi agitada vigorosamente a 5000 rpm e à temperatura ambiente durante a noite. O extrato obtido foi filtrado através de um pedaço de pano e armazenado num recipiente. Finalmente, o filtrado foi centrifugado a 10000 rpm à temperatura ambiente para obter um sobrenadante castanho claro e armazenado num recipiente à prova de luz para utilização futura.

II.3. . Biossíntese nanopartículas de óxido de prata (Ag2O NPs)

Num copo de 250 ml, foram adicionados 20 ml da solução de nitrato de prata AgNO3 (4,5 g, 0,04 mol) a 60 ml do extrato da planta *H. Hirsuta*, agitando a 5000 rpm à temperatura ambiente durante 10 minutos. A formação de NPs de Ag2O biossintetizadas foi observada pela mudança de cor e pelo aparecimento de um precipitado castanho-preto após 5 minutos e confirmada por espetroscopia UV-vis após o ajuste do pH=8 com uma solução de hidróxido de sódio (0,1 M). Finalmente, a mistura foi centrifugada a 10000 rpm à temperatura ambiente para remover o sobrenadante, o precipitado foi lavado duas vezes com água destilada e metanol, seco na estufa a 70°C durante a noite e armazenado num recipiente de vidro para análise posterior.

II.4. Caracterização de nanopartículas de óxido de prata biossintetizadas (Ag2O NPs)

11.4.1. Espectroscopia UV-visível

A produção de NPs Ag2O foi monitorizada por espetroscopia UV-visível (espetrofotómetro DR 6.000 com tecnologia RFID (HACH LANGE, ALEMANHA). As medições foram registadas na gama de comprimentos de onda de 250 a 900 nm e à temperatura ambiente. A sua formação foi monitorizada por espetroscopia UV-vis utilizando água destilada como teste em branco numa célula de quartzo.

11.4.2. Difração de raios X (XRD)

A estrutura cristalina das nanopartículas *de Ag2O* biossintetizadas foi determinada utilizando um difratómetro de raios X em pó (Phaser D2 Diffractometer, Broker, EUA), com radiação Cu-K_a no comprimento de onda X = 0,15406 nm na gama de 10° - 80°, operando a 30 KV e 10 mA.

11.4.3. Espectroscopia de infravermelhos com transformada de Fourier FT-IR

Foram observados vários grupos funcionais por análise espetral FTIR (modelo Varian 800 /Gladiatr (Scimitar Series, Austrália / Pike Technologies, EUA), tais como carbonilos, aminas, fenóis e amidas que poderiam ser biorredutores para a síntese de NPs Ag2O.

11.4.4. Microscopia eletrónica de varrimento (SEM)

A morfologia e a forma das NPs *de Ag2O* sintetizadas foram estudadas por microscopia eletrónica de varrimento acoplada a EDS (SEM- JEOL IT500HR) com as seguintes caraterísticas: Tensão de alimentação 15,0 kV, diâmetro 11,0 mm, ampliação x800, modo de alto vácuo.

11.4.5. Atividade catalítica de NPs *de Ag2O* biossintetizadas

11.4.5.1. Degradação catalítica do corante azul de metileno

As nanopartículas de prata obtidas pelo método verde foram testadas para a redução do azul de metileno na presença de borohidreto de sódio (NaBH4) e de luz branca à temperatura ambiente. Em primeiro lugar, 3 ml de azul de metileno diluído foram analisados no ultravioleta visível, com dois picos de absorção ótica a 611 nm e 663 nm. Para estudar o efeito catalítico das nanopartículas de prata biossintetizadas *Ag2O* NPs, foram adicionados 2,25 ml de solução de NaBH4 ($6{,}10^{-6}$ M) (considerado como agente redutor) a 3 ml de solução de azul de metileno ($2{,}10^{-6}$ M), tendo sido depois adicionadas nanopartículas de prata biossintetizadas (80 mg/l). O processo de degradação foi monitorizado por espetrofotometria na gama de comprimentos de onda 400-800 nm de 5 em 5 minutos durante 30 minutos. A descoloração foi observada através da diminuição da absorvância da solução no comprimento de onda máximo (A_{max}). As experiências foram utilizadas avaliar eficiência catalítica das NPs *de Ag2O* biossintetizadas.

III. RESULTADOS E DISCUSSÃO Resultados e discussão

III.1 Caracterização nanopartículas de óxido de prata *NPs-Ag2O*

III.1.1. Espectroscopia UV-vis e intervalo de banda ótica

Estudos preliminares sugerem que o rastreio fitoquímico do extrato da planta *H. hirsuta* revela a presença de polifenóis, flavonóides e taninos condensados [147]. A solução coloidal preparada *de Ag2O* e o extrato da planta foram analisados por espetroscopia UV-Vis (ver Figura III.1). De facto, o espetro do extrato vëgëtal apresentou dois picos a 300 nm e 670 nm. Após a reação, o espetro das NPs *de Ag2O* tem rëyëĸ um pico sitiado a 430 nm. Este pico corresponde à banda de absorção caraterística da ressonância plasmónica de superfície *do Ag2O* [148].

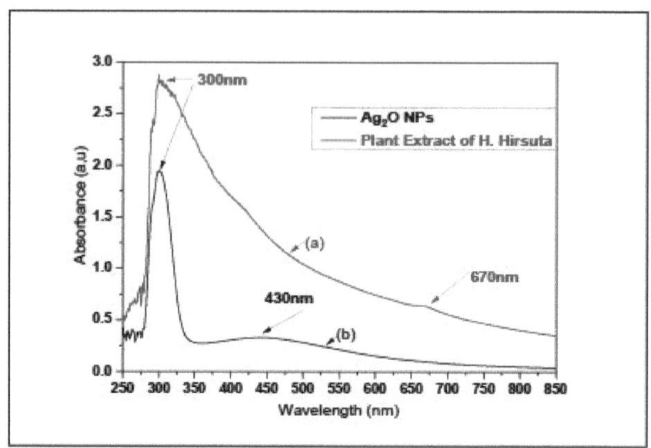

Figura III. 1: Espectro UV-visível de (b) biosynthëtisëes Ag2o NPs e (a) do extrato vëgëtal de H. Hirsuta.

(a) do extrato vëgëtal de *H. Hirsuta.*

- Determinação do intervalo de banda ótica

^Em дё тёга!, o intervalo de banda ótica de um semicondutor pode ser dëterminatedëe traçando o coeficiente de absorção em função da energia do fotão, que pode ser estimëe usando a fórmula de Tauc Equação Ш.1)[149] :

$$(\alpha h\nu) = K(h\nu - E_g)^n \quad \text{(III.1)}$$

Onde a é o coeficiente de absorção, hv é a energia do fotão incidente, K é uma constante, Eg é o bandgap ótico em ëlectronvolts (eV) e n é um expoente que pode assumir dois valores dependendo da natureza da transição ëlectrónica, ou seja; n = 2 para uma transição direta, e n = 1/2 para uma transição indireta, como se pode ver na figura III. 2 e na figura III.3 [150], [151].

- Estimativas de energia Urbach

A energia de Urbach refere-se à largura das caudas das bandas dos ëtats localizados. A energia de Urbach é determinada a partir da liquidação (Ш.2) do declive da parte limite do Ияеё de ln(a) em função da energia dos fotões *hv* (figura Ш.4) [152]. A tabela III.1 representa os valores do band gap direto, do band gap indireto e da energia de Urbach das NPs *AgrO* biosintetizadas.

$$\ln(\alpha) = \frac{h\nu}{Eu} + ln(\alpha_0) \quad \text{(III.2)}$$

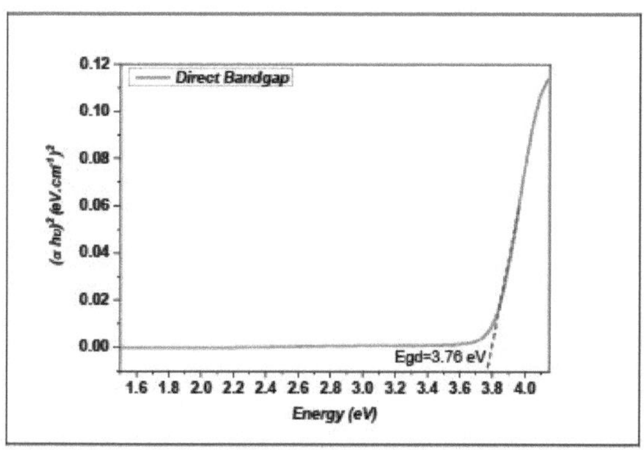

Figura III. 2: Dëterminação do intervalo de banda ótica para a radiação direta a direta utilizando o método de Tauc.

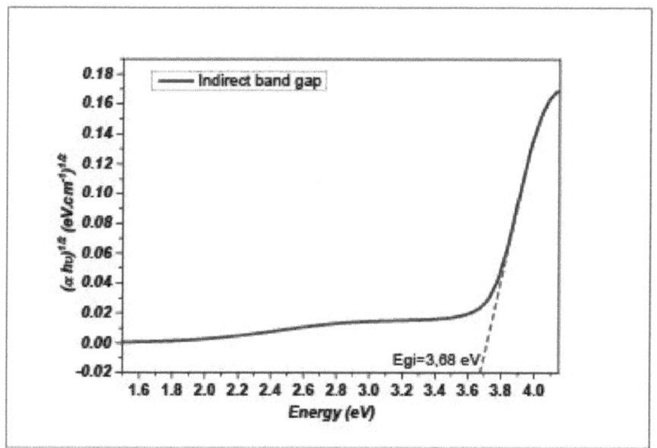

Figura III. 3: Dëterminação do intervalo de banda ótica para o indireto a indireta utilizando o método de Tauc.

Tabela III. 1: Valores do intervalo de banda direto e indireto e da energia de Urbach das NPs de Ag2O biossintetizadas.

Energia (eV)		
Bandgap ótico direto	Bandgap ótico indireto	Energia da Urbach
3.76	**3.68**	**1.23**

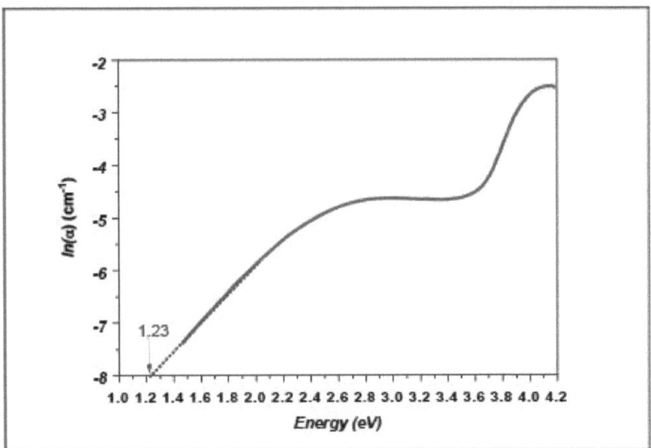

Figura III. 4: Tracë de ln(a) em função de l^energia: Estimativa de Urbach l^energia para biosynthëtisëes Ag_2O nanopartículas.

III.1.2. Espectroscopia de infravermelhos com transformada de Fourier (FTIR)

A identificação por análise FTIR mostra a presença potencial de biomoléculas redutoras e estabilizadoras no extrato da planta H. Hirsuta. O espetro FTIR obtido (figura III.5) mostra várias bandas de absorção correspondentes aos grupos funcionais das biomoléculas presentes no extrato da planta H. Hirsuta. Foram observados sete picos de absorção principais, o pico largo centrado em 3400 e 3533 cm^{-1} é atribuído às vibrações de estiramento O - H dos flavonóides e alcalóides, o pico intenso a 1123 e 1687 cm^{-1} é devido às vibrações de estiramento C = O e de flexão N - H do grupo amida primário que existe frequentemente nas proteínas [153]. Os dois picos localizados a 1392 cm^{-1} e 1621 cm^{-1} são atribuídos às vibrações de estiramento NO e COC do anel aromático, respetivamente [154]. Além disso, os picos a 673 cm^{-1} e 650 cm^{-1} são atribuídos a vibrações de flexão fora do plano de Ag-O e C-H, respetivamente [155].

Os resultados da análise FTIR mostram que o extrato da planta *H. Hirsuta* contém muitos grupos funcionais diferentes, como carboxilos, carbonilos, amidas e fenóis, que podem ser utilizados como agentes biorredutores e agentes de cobertura para a síntese de NPs *de Ag.O* [147].

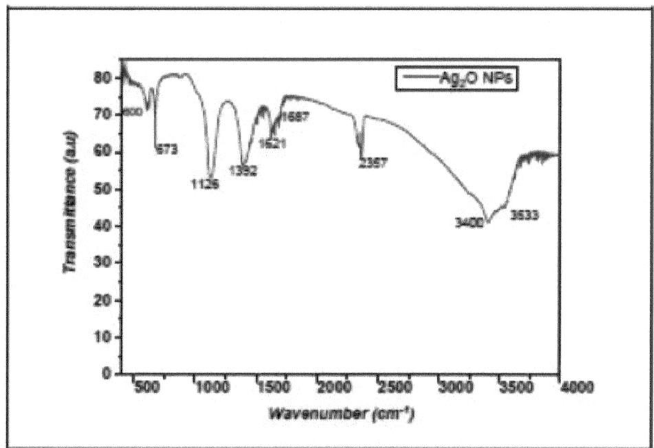

Figura III.5: Espectro FTIR das NPs de Ag_2O biossintetizadas.

III.1.3. Difração de raios X (XRD)

O padrão de difração de raios X das NPs de Ag_2O biossintetizadas é apresentado na Fig. 6. Foram observados vários picos de reflexão de Bragg no difractograma de XRD localizados a valores de 27,28° , 33,36° , 55,93° , 66,52° e 70,01° correspondentes aos planos (110), (111), (220), (311) e (222) do óxido de prata Ag_2O com uma estrutura cristalina cúbica centrada na face (JCPDS, Ficheiro n.º 00-012-0793) [138].

O tamanho cristalino das nanopartículas biossintéticas de Ag_2O NPs foi calculado utilizando a fórmula de Scherrer (Equação (III.3)), considerando o pico mais intenso localizado no valor 0 de 33,45°:

$$D = \frac{0.9\times\lambda}{\beta\times cos\theta} \qquad (III.3)$$

Onde D é a dimensão do cristal (nm), 0 é a largura total a metade do pico máximo de difração (FWHM) do pico de difração mais forte, X é o comprimento de onda dos raios X (para CuKa!= 1,5406 A), e 0 é o ângulo de difração de Bragg. O seu valor foi de 17,16 nm, e o tamanho médio do cristal é de 15,51 nm.

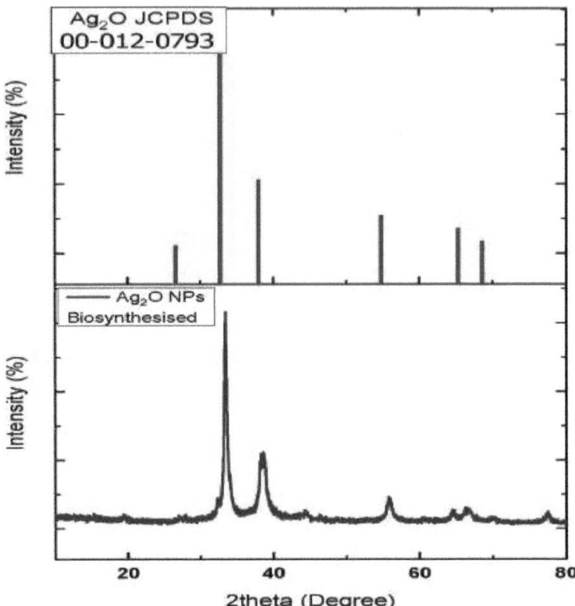

Figura III. 6: Difractograma de XRD das biosynthëtisëes Ag2O NPs.

III.1.4 Estudo morfológico por microscopia eletrónica de varrimento (SEM)

O SEM tem ëlë usadoë para ëestudar a morfologia das NPs de Ag2O e o seu tamanho morfológico. A Figura III.7 (a-c) mostra imagens de SEM e o mapeamento ëlëmentar das NPs *de Ag2O*. Tem-se ëlë observado que a maioria delas tem uma forma esfërica. E na Fig. 7 (d), a análise de EDS indica que os ëlëments presentes no produto de synthëtisë o oxygëne O e a prata Ag, i^Ument Ag ëbeing more abandon^ than i^Ument O.

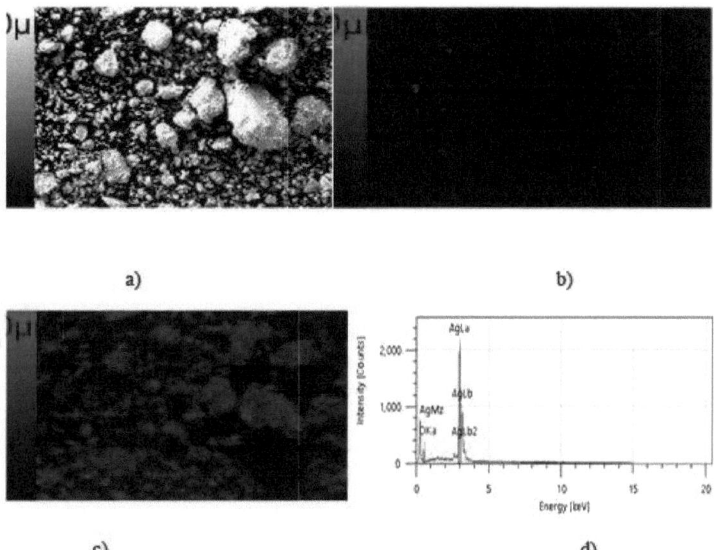

Figura III. 7: (a) Imagens SEM de esferas de Ag_2O biossintetizadas, (b,c) mapeamento EDS elementar correspondente de O e Ag, (d) espetro EDS de NPs de Ag_2O biossintetizadas.
EDS correspondentes de O e Ag, (d) espetro EDS de NPs Ag_2O biossintetizadas.

III.2 Atividade catalítica para a degradação do BM

A hidrólise catalítica do corante MB na presença de $NaBH_4$ foi examinada para confirmar a atividade catalítica do Ag_2O NPS. A degradação catalítica é monitorizada por espetroscopia UV-Vis. Ao adicionar as nanopartículas de Ag_2O à mistura de reação, a redução catalítica do corante tem lugar após alguns minutos. A cor azul forte da solução MB desvanece-se para incolor após 35 minutos durante o processo de degradação.

A eficiência da degradação é calculada pela seguinte fórmula (Equação (III.4)):

$$D\% = \frac{(C_0 - C_t)}{C_0} \times 100 \qquad \text{(III.4)}$$

Em que C_0 é a concentração inicial de BM e C_t a concentração imediata na amostra.

A presença de grupos amida das de óxido de prata *Ag2O* na transferência de elétrons d^! dos ânions $BH_4^{(-)}$) para os cátions azul de m&hylene (BM), que aumenta com o tempo, o que ë!T! ëtambém semelhante ao relatado anteriormente prëcëd nanopartículas *de* Ag2O^ [144], [156]. O pico de absorção inicial a 663 nm tem ë!ë attënuë com o tempo, o que dëmontre i'activile catalytique du produit des NPs d'Ag_2O (figura III.8). A figura III.9 mostra esquematicamente o mëcanismo do processo de dëgradação catalítica do corante BM. O número de ciclos de utilização das nanopartículas *de dAg2O* biossintetizadas para a fotocatálise do MB é ëgal a 4 (Figura III.11).

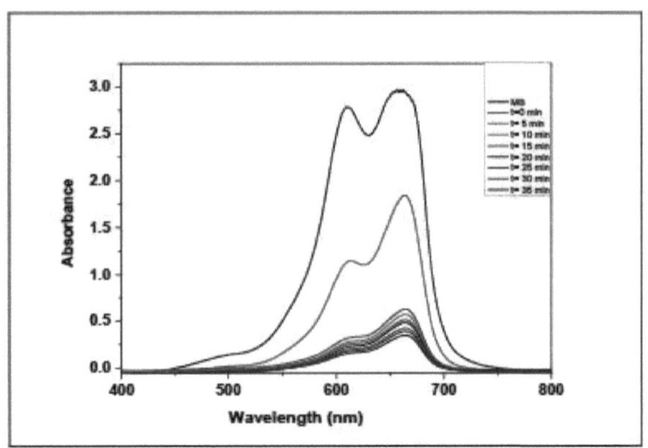

Figura III. 8: Espectro UV-vis para redução de MB usando biossintetizado Ag_2O biossintetizadas e NPs biosintéticas.

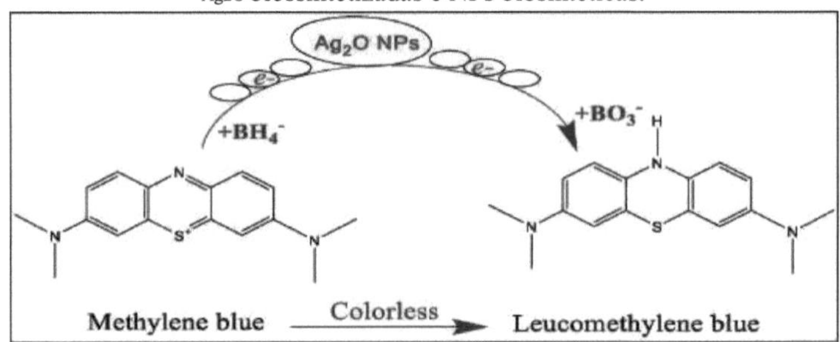

Figura III. 9: Scheëma do processo de dëgradação catalítica do corante MB pelas NPs de Ag_2O.

A análise dos dados cinéticos para a reação de dëgradação mostrou que a cinética da reação é de pseudo-primeira ordem. A taxa de reação é determinada pela seguinte relação: $ln(C_t/C_{(o)}) = ln(A_t/A_{(a)}) = -K_{app} \times t$, em que $C_t(A_t)$ e $C_o(A_o)$ representam a concentração (absorvância) do corante BM após e antes da degradação, respetivamente. O declive da curva determina o valor de K_{app} (min^{-1}). O gráfico de linha de $ln(C_t/C_0\sim)$ versus tempo (Figura III.12) confirma a teoria cinética, onde o valor de K_{app} é 0,02 min^{-1} [144], [157]. O desempenho catalítico das de óxido de prata está ligado à sua morfologia específica, que permite o movimento rápido de electrões na superfície nanocatalisador de óxido de prata, e o seu pequeno tamanho (o tamanho médio é de 15,51 nm) garante uma grande área de superfície específica que facilita a reação de degradação do corante pelo nanocatalisador, que atinge a taxa de 88,6% após um período de 35 min (Figura III.10). Assim, estas duas caraterísticas das nanopartículas de Ag_2O biossintetizadas aceleram o processo de degradação do corante azul de metileno.

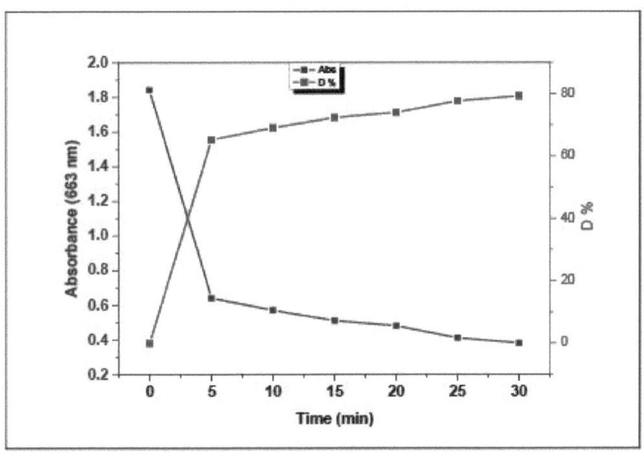

Figura III. 10: da absorvância (663 nm) e da degradação (D%) do corante azul de metileno em função do tempo.

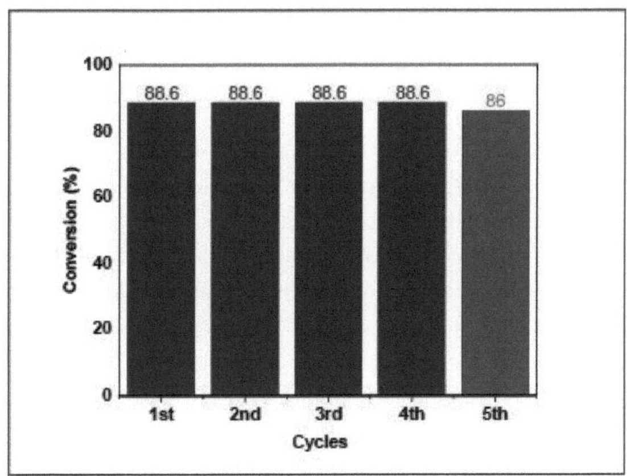

^*Figura III. 11:* Conversão percentual de y1ene azul тё em cada ciclo catalítico após 35 min.

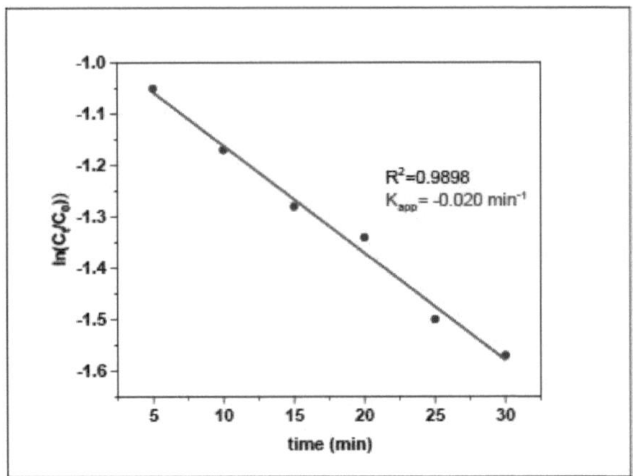

Figura III. 12: Traeë de ln(C_t/C_o) em função do tempo para a reação de redução catalítica do BM com NPs de Ag_2O.

IV. Conclusão

Neste estudo, pela primeira vez, a síntese verde de de óxido de prata foi conseguida com sucesso utilizando o extrato aquoso da planta selvagem *H. hirsuta* . O processo é fácil, rápido, pouco dispendioso, amigo do ambiente e não requer solventes orgânicos ou tensioactivos. Como resultado, este método de síntese é mais vantajoso do que os métodos tradicionais de síntese de nanopartículas *de Ag2O*. A forma das nanopartículas *de Ag2O* biossintetizadas é quase esférica, de natureza cristalina cúbica, e o tamanho médio dos cristais é de 15,51 nm, o que implica que serão de grande interesse para a comunidade científica. Além disso, as nanopartículas *de Ag2O* preparadas têm uma melhor atividade catalítica para a degradação do corante BM em condições normais, aproximando-se dos 89%, devido à sua morfologia e tamanho reduzido.

As nanopartículas *de Ag2O* biossintetizadas são de grande importância no tratamento de águas residuais (degradação de corantes), medicina, cosmética, tintas, plásticos e têxteis.

CAPÍTULO IV

Biossíntese e caraterização de nanopartículas de níquel II NiO e a sua aplicação fotocatalítica de elevada eficiência

I. Introdução

Hoje em dia, surgiram muitos problemas ambientais em resultado do impacto de vários factores naturais e artificiais na crosta terrestre. Em geral, qualquer modificação desnecessária e inaceitável do ambiente devido a várias actividades humanas é designada por poluição. A alteração direta ou indireta das propriedades biológicas, químicas e físicas dos fluxos naturais de água tem efeitos nocivos não só para a vida humana, mas também para os ecossistemas aquáticos. Existem diferentes tipos de factores responsáveis pela poluição das massas de água naturais, como a explosão demográfica, a urbanização, a industrialização rápida, a poluição das águas, etc. De todos os factores envolvidos rápida industrialização, as indústrias têxtil, alimentar, de tinturaria e de papel são as principais fontes de poluição das águas. Os efluentes destas indústrias contêm vários tipos de corantes e poluentes orgânicos. Pensa-se que a contaminação por corantes orgânicos desempenha um papel ativo na poluição dos ecossistemas aquáticos. Cerca de 10-15% da produção mundial total de corantes perde-se nas águas residuais durante vários processos [158]. Os corantes presentes nas águas residuais impedem a penetração da luz solar nos cursos de água, reduzindo assim as reacções fotossintéticas. Alguns corantes são letais, mesmo neoplásicos e malignos, e podem constituir uma séria ameaça para a saúde humana e animal [159]. A contaminação dos efluentes industriais por corantes BM e Rh B é um problema grave e tem um efeito nocivo em ambos os tipos de ecossistema. Com a escassez de água e a sensibilização para as ameaças colocadas pelos efluentes industriais, as normas ambientais internacionais estão a impor muitos requisitos rigorosos em todo o mundo, levando ao desenvolvimento de estruturas e técnicas inovadoras para remover corantes e outros poluentes orgânicos das águas residuais antes da descarga [160]. Nos últimos anos, nesta era tecnológica em rápida evolução, a nanotecnologia floresceu, gerando uma riqueza de ideias científicas que competem com os desafios quotidianos da tecnologia em rápido desenvolvimento [161]. Os nanomateriais têm atraído um vasto leque de interesses científicos e tecnológicos devido às suas inúmeras aplicações e propriedades específicas [161]. Estas propriedades são conferidas pelas suas caraterísticas de tamanho, forma e tipo de superfície. Entre estas nanoestruturas, o TiO2 é a mais estudada [162]. Estudos recentes sobre a atividade fotocatalítica de numerosos óxidos de metais de transição semicondutores do tipo p, tais como NiO, Cu2O, FeO, etc., têm surgido na literatura [163], [164].

Nos últimos anos, vários estudos têm sido realizados no campo da nanotecnologia, utilizando materiais e extractos de plantas verdes para a biossíntese nanopartículas de óxido de metal, a fim de evitar produtos químicos responsáveis pela poluição ambiental [165]. A biossíntese de nanopartículas metálicas segue um processo ecológico, utilizando diferentes fracções de plantas como agentes redutores e estabilizadores. Entre as muitas nanopartículas metálicas estudadas, o óxido de níquel é um material valioso utilizado em vários domínios devido às suas propriedades únicas [166]. Por conseguinte, reveste-se de grande importância no domínio dos nanomateriais. As suas propriedades incluem a fotoeletricidade, a catálise e a administração de medicamentos, bem como o cátodo em baterias recarregáveis [167]. O

aumento da atividade industrial implica sempre uma grande poluição do meio ambiente por produtos químicos, pois devido à inadequação dos sistemas de tratamento, é urgente encontrar soluções simples e menos dispendiosas, entre as quais se encontram as nanopartículas, que já mostraram a sua potencial aplicação no tratamento de poluentes orgânicos como o azul de metileno e a rodamina B, amplamente utilizados em vários campos: química, farmacologia, medicina, biologia e têxtil [168]. A utilização destas substâncias sem o conhecimento do utilizador causa graves danos à saúde humana e ao ambiente [168]. A síntese verde é um campo moderno da biotecnologia que representa uma alternativa ecológica e económica aos processos químicos e físicos que são frequentemente prejudiciais para o ambiente. Neste método, os reagentes naturais são biologicamente inofensivos, não tóxicos e amigos do ambiente [166], Cymbopogon citratus [169], Petiveria alliacea L. [170], Paeonia emodi [171], Ziziphora clinopodioides [172], Callistemon lanceotus (Myrtaceae) [173], [174], Centella Asiatica e Tridax [175], e muitos outros têm sido utilizados na biossíntese nanopartículas de óxido metálico [176].
Para a síntese verde de de óxido metálico, os investigadores utilizaram extractos de plantas que estão amplamente disponíveis na natureza. Devido à sua rapidez, eficácia ambiental e baixo custo, estas plantas são conhecidas como "plantas vitais". Têm o poder absorver os minerais, respeitando os níveis de segurança [177]. Estes métodos incluem algas e micróbios, tais como fungos, bactérias e vírus, como agentes redutores [174], [178]. O método atual tem mais do que uma vantagem: é uma técnica rentável que não utiliza solventes ou tensioactivos [179].
Estudos sobre o uso de NiO nanoestruturado como fotocatalisador para a degradação de corantes orgânicos como BM, Rh B, alaranjado de metila e vermelho ácido 1 têm ëlë relatado [180], [181]. Estes relatórios indicam as potenciais aplicações do NiO nanocristalino como fotocatalisador para muitas outras facções, incluindo a dëgradação de poluentes orgânicos para purificação de água, bem como a atividade de redução do 4-nitrophënol [182], [183]. As NPs-NiO são quimicamente estáveis e exibem um desempenho ëlevëous ëlectro-ótico muito ëlevëous com um gap de banda larga (3,6-4,0 eV). O NiO é um semicondutor do tipo p amplamente utilizadoë em muitas aplicações químicas e físicas, tais como catálise, células solares e dëtecção de gases [184], [185]. De acordo com a literatura, existem vários mëtodos para preparar NPs-NiO, tais como dëcomposição térmica [186], combustão [187], sol-gel [188], [189], co-precipitação [190], pirólise por spray [191] e o mëtodo de plasma de arco anódico [192].
O presente estudo centra-se na síntese química simples, que tem a vantagem sobre outros métodos de ser simples, rápida e eficiente em termos energéticos [193]. Uma extensa pesquisa em todo o mundo está tentando usar precursores industriais e naturais que são gënëralmente caros. Apesar disso, o extrato de *H. Hirsuta* foi utilizado neste estudo devido à sua acessibilidade e preço. ^ O produto obtido apresenta a melhor atividade fotocatalítica em relação aos corantes MB e Rh-B, que são mais amplamente utilizados em vários campos industriais. Relatamos a síntese e cara^risação de NiO monocristalino com uma superfície ëlevëe específica por uma síntese verde simples e direta. O estudo comparativo dos desempenhos fotocatalíticos das NPs de -NiO para a dëgradação dos corantes BM e Rh- B foi ëtë rëalisëado através da adoção de diferentes parâmetros optimizados, nomeadamente: a influência do pH, do tempo de irradiação e da concentração inicial do corante. Este é o primeiro relato de um estudo ëtude comparativo sobre o desempenho fotocatalítico de NPs-NiO biossintetizadas pelo extrato vëgëtal de *H. Hirsuta*. Além disso, a propriëtë redutora de

4-nitrophënol tem ële ëtudiëe.

II. Materiais e métodos

II.1. . Equipamento

Os produtos utilizados são : Nitrato de níquel (II) $Ni(NO_3)_2,6H_2O$ (98%, MONTPLET& ESTEBAN SA BARCELONA.MADRID. Espanha), a planta *H. Hirsuta* foi registada na província de Ouezzane, no norte de Marrocos, e armazenada ao abrigo da luz, hidróxido de sódio (98%, LOBA CHEMIE PVT.LTD. Índia). O material de vidro utilizado foi lavado com ácido acético e enxaguado com água destilada. Duas argamassas, uma de porcelana e outra de zircónio, e uma mufla de laboratório a 1200 °C.

II.2. . Preparação de 1 extrato da planta *H. Hirsuta*

A planta *H. Hirsuta* foi colhida em junho, seca e armazenada no escuro à temperatura ambiente. Após cerca de dois meses, a planta *H. Hirsuta* foi lavada duas vezes com água destilada e seca à temperatura ambiente durante 48 horas, sendo depois moída até se obter um pó fino. 10 g de *H. Hirsuta* foram adicionados a 400 ml num copo de 500 ml. A mistura foi agitada vigorosamente a 5 000 rpm e à temperatura ambiente durante a noite. O extrato obtido foi filtrado através de um pedaço de pano e armazenado num recipiente. Finalmente, o filtrado foi centrifugado a uma velocidade de 10.000 rpm à temperatura ambiente para obter um sobrenadante castanho claro e armazenado num recipiente hermético para utilização posterior.

II.3. . Biossíntese nanopartículas de óxido de níquel (NPs-NiO)

NPs-NiO foram sintetizadas pelo método de coprecipitação, utilizando o extrato da planta *H. Hirsuta*. Num copo de 250 ml, foram adicionados 20 ml de solução de nitrato de níquel (II) $Ni(NO_3)_2, 6H_2O$ (5 mM) a 60 ml de extrato da planta *H. Hirsuta com uma relação extrato/sal de (3:1)*. O extrato da planta *H. Hirsuta* com uma relação extrato/sal (3:1) foi agitado a 7000 rpm à temperatura ambiente durante 10 minutos. A formação de NPs-NiO biossintetizadas foi monitorizada pela mudança de cor e pelo aparecimento de um precipitado verde após 5 min e confirmada por espetroscopia UV-Vis após o ajuste do pH = 8 com uma solução de hidróxido de sódio (0,1 M). Finalmente, a mistura foi centrifugada a uma velocidade de 10.000 rpm à temperatura ambiente para remover o sobrenadante, o precipitado foi lavado duas vezes com água destilada e metanol, seco numa estufa a uma temperatura de 70°C durante 24 h e calcinado a 500°C numa mufla ser colocado num recipiente de vidro e armazenado para análises e aplicações posteriores.

II.4. . Caracterização de de óxido de níquel biossintetizadas (NPs-NiO)

II.4.1. . Espectroscopia UV-visível

A produção de NPs-NiO biossintetizadas foi monitorizada utilizando espectros de UV-visível (espetrofotómetro DR 6.000 com tecnologia RFID (HACHLANGE, ALEMANHA)). As medições foram efectuadas em condições normais de temperatura e pressão (20°C e 1atm) na gama de comprimentos de onda de 250-800 nm, utilizando uma célula de quartzo.

II.4.2. . Difração de raios X (XRD)

A estrutura cristalina das biosynthëtisëes NPs-NiO tem ël.ë dëterminëe usando um difratómetro de raios X em pó (PhaserD2 diffractometer, Broker, USA) com radiação Cu-K_a de comprimento de onda X = 0,15406 nm na gama 10°-80°, operando a 30 kV e 10 mA.

II.4.3. . Espectroscopia de infravermelhos com transformada de Fourier FT-IR

Vários grupos funcionais foram observados por análise espetral FTIR (Varian 800 / Gladiatr modële (série Scimitar, Austrália / Pike Technologies, EUA), como carbonilas, polifënóis e amidas, que poderiam ser redutores para a biossíntese de NiO-NPs.

II.4.4.. Microscopia eletrónica de varrimento (SEM/EDS)

A morfologia e a forma das NPs-NiO biosynthëtisëed foram ëtë ëtudiëes por microscopia eletrónica de varrimento acoplada a EDS (SEM-JEOL IT500HR) com as seguintes propriëtës: tensão de aterragem 10,0 kV, WD 11,0 mm, método de mëquantificação ZAF, ampliação x8500, modo de alto vácuoë.

II.5. . Atividade catalítica de NPs-NiO

II.5.1.. Degradação catalítica dos corantes azul de metileno e rodamina B

Em um experimento típico, 1 mg de NPs-NiO synthëtisëes a ëtë adicionadoë a 50 ml (5 mg.L^{-1}) de uma solução aquosa de BM e Rh B. Em seguida, a solução a ëlë mantida em um earlen de Mayer (reator) com agitação contínua para garantir que as suspensões de catalisador ët fossem uniformes ao longo do tempo de reação. Entretanto, depois de ajustar o pH (pH=10 para MB, e pH=2 para Rh B), uma quantidade adequada de solução de corante foi retirada e filtrada para separar as NPs-NiO. Em seguida, a solução filtrada foi analisada usando um espetrofotómetro UV-Vis no comprimento de onda de absorção máxima de 663 nm e 554 nm do corante para obter a concentração de BM e Rh-B na solução. A percentagem de degradação do corante foi calculada utilizando a fórmula de liquidação (IV.1).

$$D(\%) = \frac{A_0 - A_t}{A_0} \times 100 \qquad \text{(IV.1)}$$

Em que A0 e At representam a absorvância da radiação e no tempo t, respetivamente.

II.5.2.. Redução do 4-nitrofenol (4-NP) por NPs-NiO

As experiências de redução do 4-nitrofenol (4-NP) foram efectuadas do modo: Misturou-se uma solução aquosa de 4-NP (60 ml, 5 10^{-5} M) com uma solução de NaBH4 recentemente preparada (1,5 $10^{(-4)}$ M, 15 ml), obtendo-se uma solução amarela escura. Em seguida, 5 mg de catalisador (preparado como acima) foram dispersos na solução, seguido de sonicação durante 1 minuto. Depois de ajustar o pH = 9, o progresso da reação para todas as experiências foi monitorado usando um espectrofotomëtre UV-vis [182]. O reaproveitamento das NPs-NiO foi realizado por 3 ciclos, ao final do experimento de firstëreduction, o catalisador foi coletado por centrifugação, lavado com água e etanol, em seguida seco em estufa a 80°C por 3 horas para o próximo ciclo.

III. Resultados e discussão

III.1. 1. Caracterização nanopartículas de óxido de níquel (NPs-NiO)

III.1.1. 1. Espectroscopia de UV-vis e bandgap ótico

Estudos preliminares sugerem que o rastreio fitoquímico do extrato da planta *H. Hirsuta* detecta a presença de polifenóis, flavonóides e taninos condensados [194], [195]. Por conseguinte, a solução coloidal de $Ni(OH)_2$ foi preparada utilizando o extrato da planta e analisada por espetroscopia UV-Vis (Figura IV.1(a-b)). O espetro do extrato vegetal apresenta dois picos a 300 nm e 670 nm. Após a reação, o espetro obtido mostra que existe um pico a 390 nm que corresponde à banda de absorção caraterística da ressonância plasmónica de superfície do precipitado de $Ni(OH)_2$ em solução [196]. A Figura IV.2 mostra o espetro UV-vis das NPs-NiO obtido após calcinação, o pico indicado a 301 nm é atribuído às NPs-NiO [197].

- ***Determinação do intervalo de banda ótica***

Em geral, o intervalo de banda ótica de um semicondutor pode ser determinado traçando o coeficiente de absorção em função da energia do fotão, que pode ser estimado utilizando a fórmula de Tauc (equação (IV.2)) [198]:

$$(\alpha h\nu) = K(h\nu - E_g)^n \qquad \text{(IV.2)}$$

Onde a é o coeficiente de absorção, hv é a energia do fotão incidente, K é uma constante, Eg é o intervalo de banda ótica em eletrão-volt (eV) e n é um expoente que pode assumir dois valores dependendo da natureza da transição eletrónica, isto é, n = 2 para uma transição direta e n = 1/2 para uma transição indireta, como mostra a figura IV.3(a-b) [199], [200].

- ***Estimativas de energia Urbach***

A energia de Urbach é Hëe a largura das caudas das bandas dos ëtats localizados. A energia de Urbach é dëterminadaëe da liquação (IV.3) do declive da parte limite da И3cë de ln(a) em função da energia dos fotões hv (Figura IV.4) [201]. Os resultados são apresentados na Tabela IV.1, e um relatório sobre os valores de energia de bandgap das NPs-NiO na Tabela IV.2.

$$\ln(\alpha) = \frac{h\nu}{Eu} + ln(\alpha_0) \qquad \text{(IV.3)}$$

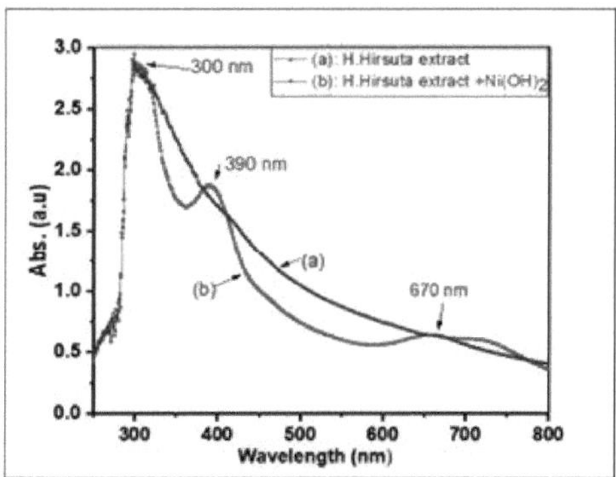

Figura IV. 1: Espectro UV-visível de (a): o extrato vëgëtal de *H. Hirsuta*, e (b): de $Ni(OH)_2$ em solução.

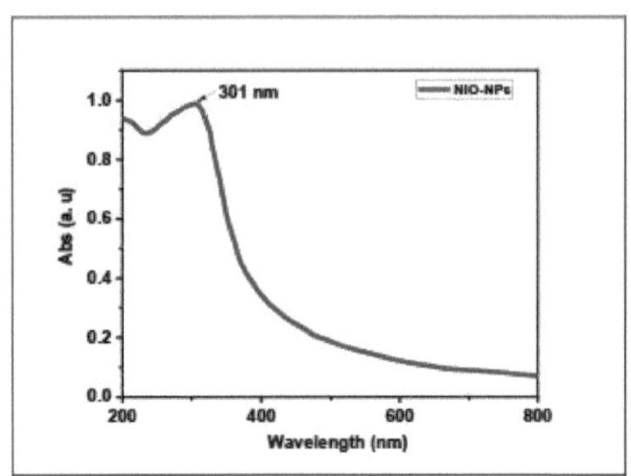

Figura IV. 2: Espectro UV-visível das NPs de NiO calcinadas a 500°C.

Tabela IV. 1: Valores do intervalo de banda direto e indireto e da energia de Urbach das NPs-NiO biossintéticas.

Energia (eV)		
Banda direta	Largura de banda indireta	Energia da Urbach
3.02	3.40	2.00

Tabela IV. 2: Rácios de energia do intervalo de bandas para as NPs de NiO.

Número da amostra	Energia de lacuna	Refs.
1	3.30	[202]
2	3.41	[203]
3	3.51	[204]
4	2.51	[205]
5	3.40	[206]
6	3.47	[205]
7	3.13	[207]
8	3.00	[208]
9	3.47	[209]
10	3.40	**Trabalho atual**

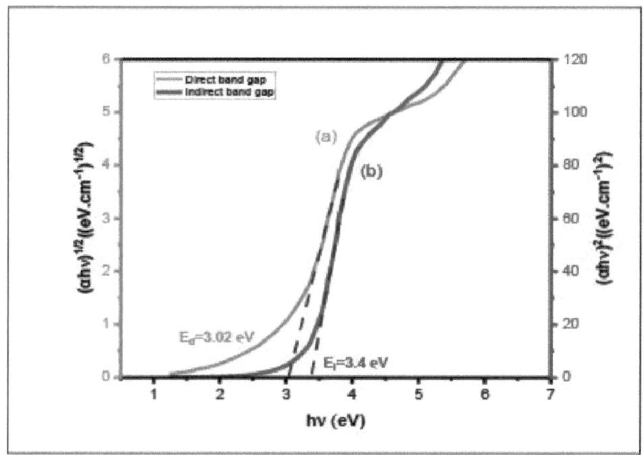

Figura IV. 3: Dëterminação do band gap ótico para (a) a transição direta e (b) a transição indireta usando o mëtodo de Tauc.

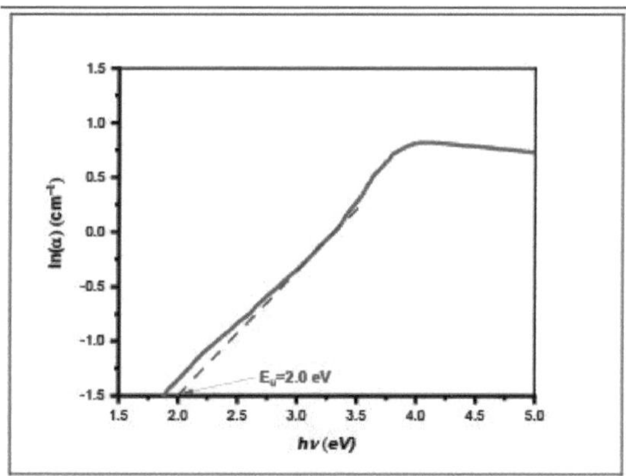

Figura IV. 4: Tracë de ln(a) em função de l^energia: Estimativa da energia de Urbach. para biossintéticos NPs-NiO.

III.1.2. Espectroscopia de infravermelhos com transformada de Fourier (FTIR)

A identificação por análise FTIR mostra a presença potencial de biomoléculas redutoras e estabilizadoras no extrato da planta *H. Hirsuta*. O grupo funcional da superfície das NPs de NiO sintetizadas foi obtido por espectros de transmissão FT-IR e é mostrado na Figura IV.5.

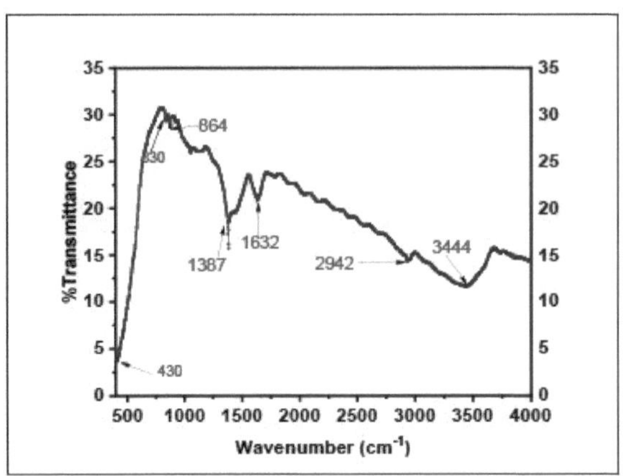

Figura IV. 5: Espectro FTIR das nanopartículas biossintetizadas de NPs-NiO.

Em дёпёral, a banda de absorção vibrações interatómicas, em particular dos óxidos mëtálicos, apresenta bandas abaixo de 800 cm-1, o pico registado a 432 cm-1 representa o aparecimento de ligações Ni-O [199], [203], enquanto a banda dupla a 1387 e 1632 cm-1 corresponde ao modo de vibração de grupos aromáticos e carbonilo, respetivamente. O pico observado a 2942 cm-1 é Kë à vibração de ligações C-H [210], e banda de absorção larga com um pico central a 3444 cm-1 é atribuída à vibração do grupo hidroxilo [182]. Assim, o espetro obtido mostra que as NPs-NiO synthëtisëed desta forma são de uma fase muito pura e confirma o resultado da análise de XRD.

III.1.3. Difração de raios X (XRD)

A difração de raios X é uma ferramenta viável para caraterizar a estrutura em estado sólido dos nanomateriais. A análise DRX foi utilizada para caraterizar de óxido de níquel após calcinação a 500°C. O difractograma de DRX das NPs preparadas pela via verde é apresentado na Figura IV.6. Os picos de difração observados nos ângulos de 37,25, 43,41, 62,95, 75,43 e 79,25 estão relacionados com os planos cristalinos (111), (200), (220), (311) e (222). Comparando o difractograma de XRD das nanopartículas synthëtisëed com a amostra padrão, o difractograma de difração final (cartão JCPDS nº 01-073-1523) [211], revelou que as NPs de NiO biosynthëtisëed têm uma estrutura cristalina cúbica e grupo espacial de (Fm-3m) [212]. O tamanho das nanopartículas biosynthëtisëes NPs-NiO tem ëlë calculado usando a fórmula de Scherrer Eq. (IV.4) considerandoëranting o pico mais intenso no valor 20 de 43,414°

$$D = \frac{0.9\times\lambda}{\beta\times cos\theta} \qquad (IV.4)$$

Onde D é o tamanho do cristalito (nm), 0 é a largura total na máscara do pico máximo de difração (FWHM) do pico de difração mais intenso, 0 é o ângulo de difração de Bragg, e X é o comprimento de onda de raios-X (para Cu-K_a, 1= 1,5406 A). Seu valor ëtait 24,3 nm, e o tamanho médio do cristal é 20,82 nm, e os paramëters estruturais são mostrados na Tabela IV.3.

Tabela IV. 3: Parâmetros estruturais das NPs-NiO biossintetizadas.

Foto não.	20 (Grau)	Planos (hkl)	FWHM (P)	Tamanho do cristalito (nm)
1	37,252	111	0.12	17.8

2	43,414	200	0.096	24.3
3	62,952	220	0.264	16.4
4	75,431	311	0.12	23.7
5	79,257	222	0.336	21.9
Tamanho médio dos cristais				**20.82**

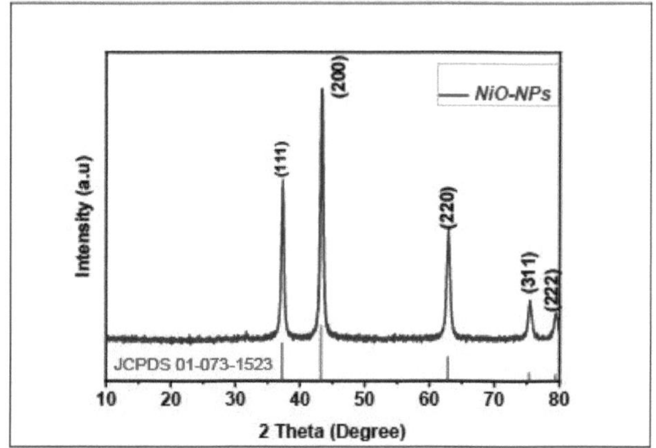

Figura IV. 6: Difractograma XRD das NPs de NiO biossintetizadas.

III.1.4 Estudo morfológico por microscopia eletrónica de varrimento (SEM/EDS)

O SEM tem ëlë usadoë para ëestudar a morfologia das NPs de NiO e o seu tamanho morfológico. A Figura 7(d) mostra o EDS das NPs de NiO. É claramente indicado que as nanopartículas sintetizadas consistem apenas em Ni e O. Isto confirma a pureza das NPs-NiO e outra impureza foi ëlë detectada no espetro da amostra. A percentagem em peso observada a partir dos espectros de dispersão de energia é apresentada na Tabela IV.4, o que mostra que as nanopartículas formadas são ricas em níquel em relação ao oxygëne, e confirma a pureza das NPs-NiO biossintetizadas. As imagens de mapeamento SEM das NPs-NiO são mostradas na Figura 7 (b, c). Estas imagens mostram uma morfologia esférica irregular com diferentes tamanhos de partículas devido à aglomeração (Figura 7(a)). A área de superfície é elevada, o que é benéfico para a atividade fotocatalítica [185], [213].

Tabela IV. 4: Análise EDS das NiO-NPs biossintetizadas.

Elemento	Massa (%)
Ni	95.57
O	4.43
Total	100

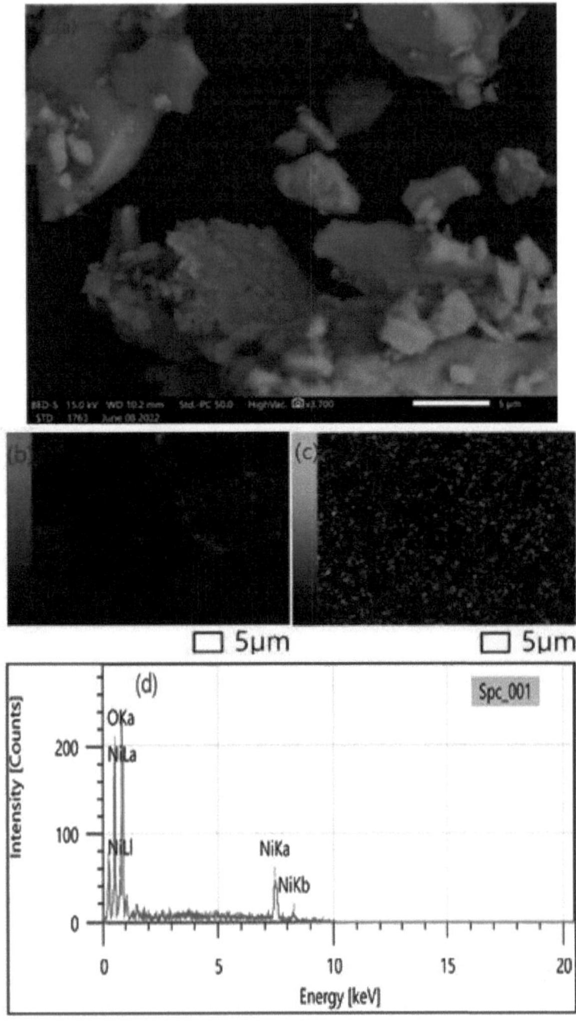

Figura IV. 7: (a) Imagens SEM das bιosynthëtisëes NiO-NPs, (b,c) Imagens de mapeamento das correspondentes
ëlëтenЬIre correspondentes EDS de O e Ni respetivamente, (d) espetro EDS de NiO-NPs biosynthëtisëes.

III.2 Atividade catalítica para a degradação de BM e Rh B

O estudo comparativo da eficiência do catalisador NPs-NiO para a dëgradação dos corantes BM e Rh B foi realizado nas condições optimizadas por S. D. KHAIRNAR et al. (para BM a pH=10 e para Rh B a pH=2) com uma concentração de corante de 5 mg/L e uma dose de catalisador de 1 mg/L [158]. Os resultados são mostrados na Figura IV.8(a-b). A degradação do BM mostrou uma redução constante com o aumento do tempo de irradiação sob luz visível. A descoloração da solução de corante ocorreu em 120 minutos de irradiação. A taxa de degradação do BM correspondente foi de 97,19%. Para o Rh-B, a degradação aumentou progressivamente com o tempo de irradiação e atingiu o equilíbrio. Isto deve-se à formação de zwitteriões que ocupam os sítios activos do catalisador. Consequentemente, a degradação do Rh-B não excede 79,42% ao mesmo tempo (Figura IV.9(a-b)). Os dados foram utilizados para o estudo cinético dos corantes BM e Rh B na presença de NPs-NiO, o que mostra que as reacções de degradação dos corantes BM e Rh B são reacções de pseudo-primeira ordem. A análise da cinética da reação de degradação mostrou que a cinética da reação é de pseudo-primeira ordem. A taxa de reação é determinada pela seguinte relação: $ln(C_0/C_t) = K$ x t, em que C_t e C_0 representam a concentração do corante após e antes da degradação, respetivamente. O declive da curva determina o valor de K (min^{-1}) (Figura IV.10(a-b)). A atividade fotocatalítica pode ser comparada com o valor de k e o coeficiente de regressão linear (R^2) para as soluções de BM e Rh B. Os valores de k, obtidos por ajuste linear de cada curva, são 2,073 x 10^{-2} min^{-1} para BM e 1,287 x 10^{-2} min^{-1} para Rh B. O mecanismo de degradação fotocatalítica pode ser explicado pelas seguintes equações.

$$NiO + hv \longrightarrow e^- + h^+$$

$$OH^- + h^+ \longrightarrow {}^{\bullet}OH$$

$$H_2O + h^+ \longrightarrow OH + H+$$

$$O_2 + e^- \longrightarrow {}^{\bullet}O^-$$

$$O_2^- \longrightarrow HO_2$$

$$2H_2O \longrightarrow O_2 + H_2O_2$$

$$H_2O_2 + O_2 \longrightarrow {}^{\bullet}OH + OH^- + O_2$$

$$Dye + {}^{\bullet}OH + {}^{\bullet}O_2 \longrightarrow CO_2 + H_2O + Inorg.salts.$$

Inorg.salts.

O desempenho catalítico de NPs-NiO é Hëe a sua morfologia irregular que permite a rápida dëplacement de electrões na superfície do catalisador, e o seu pequeno tamanho (tamanho médio de 20,82 nm) garante uma grande área de superfície específica que facilita a fação de dëgradation do corante pelo de óxido de níquel, que atinge a taxa de 97,19% e 79,42% após uma irradiação de 120 min. Essas duas caraterísticas das biosynthëtisëes NPs-NiO, portanto, aceleram o processo de dëgradação dos corantes BM e RhB. As eficiências de dëgradação fotocatalítica dos corantes BM e Rh-B por algumas de óxido mëtálico foram comparadas na Tabela IV.5.

Tabela IV. 5: Comparação da eficiência de degradação fotocatalítica dos corantes BM e corantes Rh B.

Fotocatalisadores	Degradação BM	Rh B	Refs.
Fe2O3-CuO-ZnO	79		[214]
CdO-NiO-ZnO	86		[215]
CdO-ZnO		97.6	[216]
GO-Fe3O4-ZrO2		98	[205]
NiO-CdO-ZnO	98	99	[217]
NiO	60		[218]

NiO	**97.19**	**79.42**	**Trabalho atual**

A Figura IV.11 descreve um mecanismo simples que explica a atividade fotocatalítica melhorada das NPs de NiO. A forma e a área de superfície efectiva das nanopartículas são dois parâmetros cruciais que podem melhorar o desempenho fotocatalítico. Uma grande área de superfície a eficiência fotocatalítica e a absorção de reagentes. As colisões entre a luz solar e as nanopartículas do fotocatalisador requerem menos energia para excitar os electrões da banda de valência (BV) para a banda de condução (BC) no espaço semicondutor, produzindo mais fotões que estimulam os electrões da banda de valência [218]. Subsequentemente, esta excitação eletrónica gera um número igual de buracos na banda de valência, e os electrões estimulados podem, direta ou indiretamente, produzir radicais hidróxido. Através do processo de perda de electrões, os iões de hidróxido OH são convertidos em radicais hidroxilo ($OH^{-\cdot}$), que são parte integrante da conversão da matéria orgânica em minerais. Esta conversão é essencial para a eliminação dos corantes BM e Rh B. Além disso, estes compostos orgânicos são decompostos pela perda electrões, levando à sua transformação em H_2O e CO_2, que acabam por ser libertados de volta para a atmosfera [202].

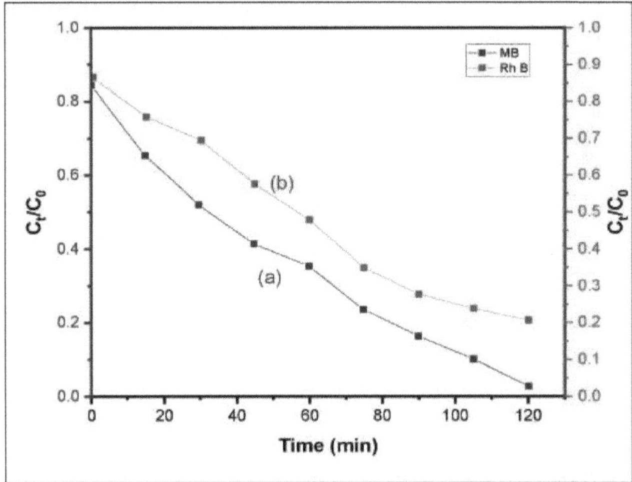

Figura IV. 8: Tracë de (C_t/C_o) em função do tempo para a reação de (a) BM, e (b) Rh B com NPs-NiO.

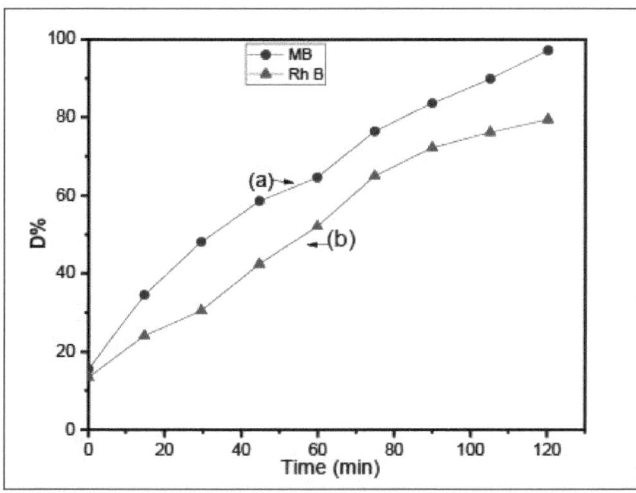

Figura IV. 9: Dëgradação fotocatalítica (a) BM, condições pH=10, concentração do corante corante 5 mg/L e dose de catalisador 1 mg/L. (b) Rh B, condições: pH=2, concentração do corante
concentração de corante 5 mg/L e dose de catalisador 1 mg/L.

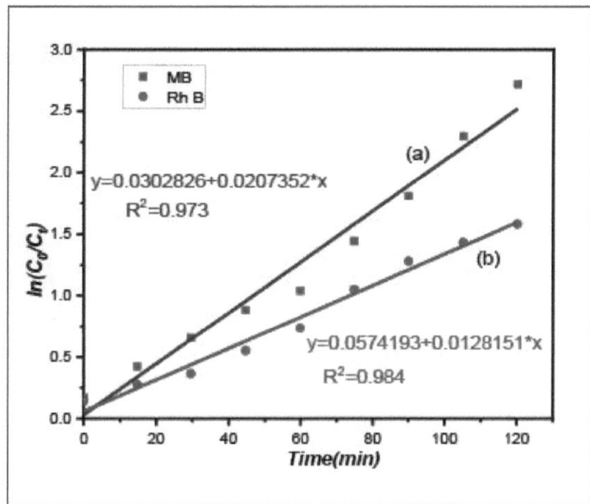

Figura IV. 10: Tracë de ln(Co/Ct) em função do tempo para a reação de redução catalítica de redução catalítica de (a) BM, e (b) Rh B com NPs-NiO.

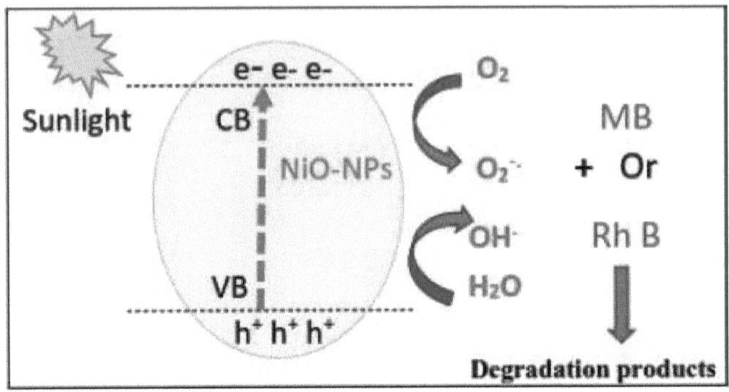

Figura IV. 11: Scheëma do mëcanismo fotocatalítico das NPs-NiO.

III.3 Redução catalítica do 4-NP por NPs-NiO

A redução catalítica de 4-NP a 4-aminophënol (4-AP) foi ëlë escolhida para ëstudar a atividade catalítica das NPs de NiO preparadas. A banda de absorção do 4-NP aparece a 317 nm, quando a solução de $NaBH_4$ recém preparada é adicionadaëe, a cor amarela clara do 4-NP muda para amarelo claro devido à formação de iões 4-nitrofenolato, e banda de absorção desloca-se para 400 nm. Quando a redução do 4-nitrofenolato começa, a intensidade da banda a 400 nm diminui com o aparecimento uma nova banda a 300 nm devido ao 4-AP. Além disso, o 4-NP não é reduzido pelo $NaBH_4$ na ausência de catalisador. Como se pode ver nos espectros UV-vis (Figura IV.12), as NPs-NiO apresentam uma atividade de redução de 91,7% do 4-NP em 10 minutos. Como foi utilizada uma quantidade excessiva de ***NaBH₄*** nestas experiências, a reação é, portanto, independente da concentração de borohidreto de sódio. Os dados cinéticos são ajustados à equação de primeira ordem da taxa de NiO, e as linhas rectas são obtidas traçando ln(c_t/c_0) contra o tempo (Figura IV.13) e o seu declive dá o valor da constante da taxa, que é 2,43 10^{-2} min^{-1}. O possível mecanismo para a redução catalítica do 4-NP usando $NaBH_4$ sobre NiO- NPs ocorre em quatro etapas [219]: Na primeira etapa, o BH_4^- liberta iões hidreto para o meio aquoso, que se ligam à superfície do NiO. No segundo passo, o hidrogénio é ligado covalentemente à superfície de NiO. A etapa que limita a velocidade resulta na adsorção de grupos nitro na superfície de NiO (etapa 3). Além disso, o 4-NP adsorvido e os átomos de hidrogénio ligados interagem fortemente. O ião hidreto ataca os grupos nitro adsorvidos, ocorre a transferência de electrões do dador BH_4^- para o aceitador 4-NP, seguida da dessorção do 4-AP para o meio aquoso.

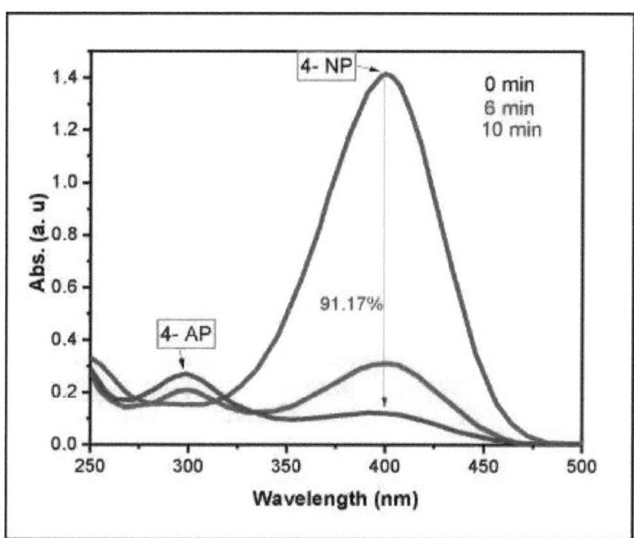

Figura IV. 12: Espectro UV-vis para a conversão de 4-NP em 4-AP utilizando NPs-NiO.

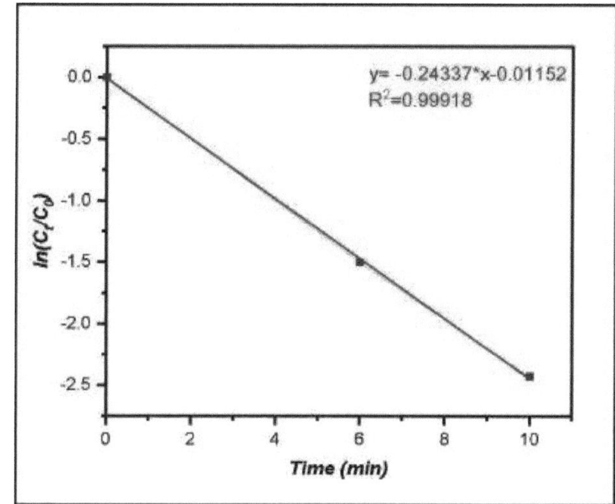

Figura IV. 13: Tracë de In (C_t/C_o) em função do tempo para a reação de redução de 4-NP com NPs-NiO.

IV. CONCLUSÃO

Neste ëstudo, sintetizamos com sucesso de óxido de níquel (NPs-NiO) usando um mëtodo de síntese verde simples e ambientalmente amigável. As nanopartículas foram ëlë preparadas usando um extrato da planta *H. Hirsuta*, resultando em NPs-NiO com excelente estabilidade e reciclabilidade para Eliminação de corantes perigosos. As NPs-NiO biossintetizadas têm ëlë caractërisëes usando várias técnicas analíticas, incluindo UV-vis, XRD, SEM, EDS e FTIR. ^

Cara^risation tem rëyë que as NPs-NiO biossintetizadas apresentaram uma forma irregular, com um tamanho médio de cristalito de 20,82 nm. Além disso, as nanopartículas possëdem energias de gap direto e indireto de 3,02 e 3,42 eV, respetivamente, com uma energia de Urbach ë medida em 2,0 eV. Esses resultados fornecem informações valiosas sobre as propriedades estruturais e ópticas das NPs-NiO biossintetizadas.

CONCLUSÃO

Devido à significativa poluição ambiental que afecta o mundo, as tecnologias e a química verdes estão a tornar-se cada vez mais difundidas e utilizadas. O domínio da nanotecnologia está a avançar rapidamente, empregando tecnologias sofisticadas e envolvendo a construção e utilização de nanomateriais com dimensões entre [1 e 100] nm para satisfazer as necessidades da indústria. Trata-se de um domínio unificador em que a física, a química e a biologia convergem e se entrelaçam. Este domínio apresenta desafios em termos de estrutura, função e aplicação, nos quais a química desempenha um papel particularmente importante.

A aplicação de nanotecnologias em domínios biológicos é designada nanobiotecnologia. Os químicos, os físicos e os biólogos encaram a nanotecnologia como uma extensão das suas respectivas disciplinas, sendo comuns os esforços de colaboração em que cada um contribui de forma igual. O resultado é o campo híbrido da nanobiotecnologia, que utiliza amplamente as nanopartículas metálicas numa vasta gama aplicações devido às suas propriedades excepcionais. Estas propriedades são influenciadas principalmente pelo seu tamanho e forma.

Neste ëtude, foi estudada a biossíntese verde nanopartículas de óxido de prata *Ag2O* e óxido de níquel NiO utilizando o extrato da planta *H. hirsuta*. As caraterísticas destas nanopartículas obtidas foram analisadas usando técnicas padrão como UV-Vis, FT-IR, XRD, SEM e EDAX e uma avaliação de suas atividades fotocatalíticas dos corantes orgânicos BM e Rh B, bem como a redução de 4-nitrofenol. de óxido de prata *Ag2O* e de óxido de níquel NiO foram sintetizadas pela reação de redução dos iões prata e níquel devido à presença de compostos fenólicos nos extratos da planta *H. hirsuta* que atuam como agente biorredutor. As técnicas de caraterização utilizadas validaram a produção nanopartículas de óxido de prata *Ag2O* e óxido de níquel NiO.

As técnicas de caraterização ótica UV-Vis e FTIR confirmaram a formação de de prata *Ag2O* e de óxido de níquel NiO, discernindo as bandas de absorção da prata *Ag2O* e do óxido de níquel NiO, e o desaparecimento das bandas de absorção do polifënol induzido pela redução dos iões mëtalIIque.

A análise de XRD revelou a presença de uma única fase de de prata *Ag2O* e óxido de níquel NiO nas nanopartículas de biosynthëtisë obtidas a partir do extrato da planta *H. hirsuta*: uma única fase de óxido de prata cúbico Ag2O com uma face central e um tamanho médio de grão de 51.51 nm, e uma fase única de óxido de níquel NiO com uma estrutura cúbica centrada na face cujo tamanho de cristalito de partícula varia de 16,4 a 24,3 nm, de modo que o tamanho médio de cristalito é de 20,82 nm. As nanopartículas sintetizadas a partir do extrato *de H. hirsuta* apresentaram uma única fase que coincide perfeitamente com os dados já existentes na bibliografia.

De facto, as imagens SEM mostram claramente que de óxido de prata Ag2O aglomeram-se numa forma quase esférica de tamanhos variáveis, mas para as de óxido de níquel NiO mostram uma morfologia esférica irreguliëre com diferentes tamanhos de partículas devido à aglomeração.

REFERÊNCIAS BIBLIOGRÁFICAS

[1] B. Mekuye e B. Abera, "Nanomaterials: An overview of synthesis, classification, characterization, and applications," *Nano Select,* vol. 4, no. 8, pp. 486-501, 2023, doi: 10.1002/nano.202300038.

[2] Y. Khan *et al*, "Classification, Synthetic, and Characterization Approaches to Nanoparticles, and Their Applications in Various Fields of Nanotechnology: A Review," *Catalysts*, vol. 12, no. 11, Art. no. 11, Nov. 2022, doi: 10.3390/catal12111386.

[3] S. Akin e S. Sonmezoglu, "Chapter 2 - Metal Oxide Nanoparticles as Electron Transport Layer for Highly Efficient Dye-Sensitized Solar Cells," in *Emerging Materials for Energy Conversion and Storage*, K. Y. Cheong, G. Impellizzeri, and M. A. Fraga, Eds., Elsevier, 2018, pp. 39-79. doi: 10.1016/B978-0-12-813794-9.00002-8.

[4] Y. Yoon, P. L. Truong, D. Lee, e S. H. Ko, "Metal-Oxide Nanomaterials Synthesis and Applications in Flexible and Wearable Sensors", *ACS Nanosci. Au*, vol. 2, no. 2, pp. 64-92, Abr. 2022, doi: 10.1021/acsnanoscienceau.1c00029.

[5] R. Khursheed *et al*, "Biomedical applications of metallic nanoparticles in cancer: Current status and future perspectives," *Biomedicine & Pharmacotherapy*, vol. 150, p. 112951, Jun. 2022, doi: 10.1016/j.biopha.2022.112951.

[6] S. Sim e N. K. Wong, "Nanotecnologia e a sua utilização na imagiologia e na administração de medicamentos (revisão)," *Biomedical Reports*, vol. 14, n.º 5, pp. 1-9, maio de 2021, doi: 10.3892/br.2021.1418.

[7] M. P. Nikolova e M. S. Chavali, "Metal Oxide Nanoparticles as Biomedical Materials", *Biomimetics (Basel)*, vol. 5, n.º 2, p. 27, Jun. 2020, doi: 10.3390/biomimetics5020027.

[8] F. D. Guerra, M. F. Attia, D. C. Whitehead e F. Alexis, "Nanotechnology for Environmental Remediation: Materials and Applications", *Molecules*, vol. 23, n.º 7, p. 1760, Jul. 23, no. 7, p. 1760, Jul. 2018, doi: 10.3390/molecules23071760.

[9] "Aplicações de Nanopartículas de Metal / Óxidos Metálicos em Transformações Orgânicas", em *Fundamentos de Pesquisa de Materiais*, 1ª ed, vol. 83, Materials Research Forum LLC, 2020, pp. 134-156. doi: 10.21741/9781644900970-6.

[10] S. D. Anderson, V. V. Gwenin e C. D. Gwenin, "Nanopartículas magnéticas funcionalizadas para aplicações biomédicas, de entrega de medicamentos e de imagem", *Nanoscale Res Lett*, vol. 14, no. 1, p. 188, maio de 2019, doi: 10.1186/s11671-019-3019-6.

[11] J. Singh, T. Dutta, K.-H. Kim, M. Rawat, P. Samddar e P. Kumar, "'Green' synthesis of metals and their oxide nanoparticles: applications for environmental remediation," *Journal of Nanobiotechnology*, vol. 16, n.º 1, p. 84, Out. 2018, doi: 10.1186/s12951-018-0408-4.

[12] Z. Ullah *et al*, "Biogenic Synthesis of Multifunctional Silver Oxide Nanoparticles (Ag2ONPs) Using Parieteria alsinaefolia Delile Aqueous Extract and Assessment of Their Diverse Biological Applications," *Microorganisms*, vol. 11, no. 4, Art. no. 4, Apr. 2023, doi: 10.3390/microorganisms11041069.

[13] M. S. Chavali e M. P. Nikolova, "Nanopartículas de óxido de metal e suas aplicações em nanotecnologia", *SN Appl. Sci.* vol. 1, no. 6, p. 607, maio de 2019, doi: 10.1007/s42452-019-0592- 3.

[14] S. H. Lee e B.-H. Jun, "Silver Nanoparticles: Synthesis and Application for Nanomedicine," *Int J Mol Sci*, vol. 20, no. 4, p. 865, fev. 2019, doi: 10.3390/ijms20040865.

[15] "ITIS - Relatório: Herniaria hirsuta var. hirsuta. Acedido em: Jul. 17, 2023. [Online]. Disponível: https://www.itis.gov/servlet/SingleRpt/SingleRpt?search_topic=TSN&search_value=823679#n ull

[16] "Rede de Informação sobre Recursos de Germoplasma (GRIN) do USDA-ARS". Acedido em: Jul. 17, 2023. [Online]. Disponível: https://www.ars-grin.gov/

[17] K. Ammor, D. Bousta, S. Jennan, B. Bennani, A. Chaqroune e F. Mahjoubi, "Triagem fitoquímica, conteúdo de polifenóis, poder antioxidante e atividade antibacteriana de Herniaria hirsuta de Marrocos", *ScientificWorldJournal*, vol. 2018, p. 7470384, Out. 2018, doi: 10.1155/2018/7470384.

[18] L. Peeters *et al*, "Caracterização de compostos e elucidação do perfil metabólico após biotransformação gastrointestinal e hepática in vitro de um extrato de Herniaria hirsuta usando análise de dados metabólicos dinâmicos imparciais", *Metabolites*, vol. 10, no. 3, p. 111, Mar. 2020, doi: 10.3390/metabo10030111.
[19] "Rede de Informação sobre Recursos de Germoplasma (GRIN) do USDA-ARS". Acedido em: Jul. 17, 2023. [Online]. Disponível: https://www.ars-grin.gov/
[20] Y. Bahammou *et al*, "Isotérmicas de sorção de água e caraterísticas de secagem de rupturewort (Herniaria hirsuta) durante uma secagem solar convectiva para uma melhor conservação", *Solar Energy*, vol. 201, pp. 916-926, maio de 2020, doi: 10.1016/j.solener.2020.03.071.
[21] C. L. Keen, R. R. Holt, P. I. Oteiza, C. G. Fraga, e H. H. Schmitz, "Cocoa antioxidants and cardiovascular health2, 3," *The American Journal of Clinical Nutrition*, vol. 81, no. 1, pp. 298S- 303S, Jan. 2005, doi: 10.1093/ajcn/81.1.298S.
[22] I. Van Dooren *et al*, "Efeito de redução do colesterol na vesícula biliar de cães por uma infusão padronizada de Herniaria hirsuta L.", *Journal of Ethnopharmacology*, vol. 169, pp. 69-75, Jul. 2015, doi: 10.1016/j.jep.2015.03.081.
[23] "Search: species: Hemiaria hirsuta AND (dynamicProperties_diffusionGP: "true") | Search Result | SINP - Patrinat." Acessado em: Jul. 16, 2023. [Online]. Disponível : https://openobs.mnhn.fr/openobs-hub/occurrences/search?q=%28dynamicProperties_diffusionGP%3A%22true%22%29&taxa=101412#tab_mapView
[24] K. Ammor, D. Bousta, S. Jennan, B. Bennani, A. Chaqroune e F. Mahjoubi, "Triagem fitoquímica, conteúdo de polifenóis, poder antioxidante e atividade antibacteriana de Herniaria hirsuta de Marrocos", *ScientificWorldJournal*, vol. 2018, p. 7470384, Out. 2018, doi: 10.1155/2018/7470384.
[25] A. Khouchlaa, M. Tijane, A. Chebat, S. Hseini, e A. Kahouadji, "Enquete ethnopharmacologique des plantes utilises dans le traitement de la lithiase urinaire au Maroc," *Phytotherapie*, vol. 15, no. 5, pp. 274-287, Out. 2017, doi: 10.1007/s10298-016-1073-4.
[26] F. Atmani, Y. Slimani, M. Mimouni, M. Aziz, B. Hacht, e A. Ziyyat, "Effect of aqueous extract from Herniaria hirsuta L. on experimentally nephrolithiasic rats," *Journal of Ethnopharmacology*, vol. 95, no. 1, pp. 87-93, Nov. 2004, doi: 10.1016/j.jep.2004.06.028.
[27] H. Mabrouki, C. M. M. Duarte, e D. E. Akretche, "Estimativa do conteúdo fenólico total e atividades antioxidantes e antimicrobianas in vitro de vários extratos de solventes de Melissa officinalis L.", *Arab J Sci Eng*, vol. 43, no. 7, pp. 3349-3357, Jul. 2018, doi: 10.1007/s13369- 017-3000-6.
[28] F. Meiouet, S. El Kabbaj, and M. Daudon, "Etude in vitro de l'activite litholytique de quatre plantes medicinales vis-a-vis des calculs urinaires de cystine," *Progres en Urologie*, vol. 21, no. 1, pp. 40-47, Jan. 2011, doi: 10.1016/j.purol.2010.05.009.
[29] H. Mabrouki, C. M. M. Duarte, e D. E. Akretche, "Estimativa do conteúdo fenólico total e atividades antioxidantes e antimicrobianas in vitro de vários extratos de solventes de Melissa officinalis L.", *Arab J Sci Eng*, vol. 43, no. 7, pp. 3349-3357, Jul. 2018, doi: 10.1007/s13369- 017-3000-6.
[30] S. Achour *et al*, "Estudo Etnobotânico de Plantas Medicinais Usadas como Agentes Terapêuticos para Gerir Doenças de Humanos," *Medicina Complementar e Alternativa Baseada em Evidências*, vol. 2022, p. e4104772, Fev. 2022, doi: 10.1155/2022/4104772.
[31] J. Kolodziejczyk-Czepas, S. Kozachok, L. Pecio, S. Marchyshyn e W. Oleszek, "Determinação dos perfis fenólicos das frações *de Herniaria polygama* e *Herniaria incana* e seus efeitos antioxidantes e antiinflamatórios *in vitro*", *Phytochemistry*, vol. 190, p. 112861, Out. 2021, doi: 10.1016/j.phytochem.2021.112861.
[32] S. Bayda, M. Adeel, T. Tuccinardi, M. Cordani e F. Rizzolio, "The History of Nanoscience and Nanotechnology: From Chemical-Physical Applications to Nanomedicine, "*Molecules,* vol. 25, n.º 1, p. 112, Dez. 2019, doi: 10.3390/molecules25010112.

[33] D. Schaming e H. Remita, "Nanotechnology: from the ancient time to nowadays," *Foundations of Chemistry*, vol. 17, pp. 187-205, Jul. 2015, doi: 10.1007/s10698-015-9235-y.
[34] Afsset, "Securite au travail" Les *nanomateriaux,* Saisine Afsset n° 2006/006, 11 de julho de 2008.
[35] C. Noirot, L. Cormier, N. Schibille, N. Menguy, N. Trcera e E. Fonda, "Comparative Investigation of Red and Orange Roman Tesserae: Role of Cu and Pb in Colour Formation", *Heritage*, vol. 5, n.º 3, pp. 2628-2645, Set. 2022, doi: 10.3390/heritage5030137.
[36] F. Montanarella e M. V. Kovalenko, "Three Millennia of Nanocrystals," *ACS Nano*, vol. 16, no. 4, pp. 5085-5102, Abr. 2022, doi: 10.1021/acsnano.1c11159.
[37] M. Tahir *et al*, "Cuprous Oxide Nanoparticles: Synthesis, Characterization, and Their Application for Enhancing the Humidity-Sensing Properties of Poly(dioctylfluorene)," *Polymers*, vol. 14, no. 8, p. 1503, Abr. 2022, doi: 10.3390/polym14081503.
[38] E. O. Mikhailova, "Gold Nanoparticles: Biosynthesis and Potential of Biomedical Application", *J Funct Biomater*, vol. 12, no. 4, p. 70, Dez. 2021, doi: 10.3390/jfb12040070.
[39] L. A. Dykman e N. G. Khlebtsov, "Gold Nanoparticles in Biology and Medicine: Recent Advances and Prospects," *Ata Naturae*, vol. 3, no. 2, pp. 34-55, 2011.
[40] D. Thompson, "Michael Faraday's recognition of ruby gold: the birth of modern nanotechnology," *Gold Bulletin*, vol. 40, n.º 4, p. 267, 2007.
[41] S. Malik, K. Muhammad e Y. Waheed, "Nanotechnology: A Revolution in Modern Industry", *Molecules*, vol. 28, n.º 2, p. 661, Jan. 2023, doi 10.*3390/molecules28020661.* 28, no. 2, p. 661, Jan. 2023, doi: 10.3390/molecules28020661.
[42] K. Vijayaraghavan e T. Ashokkumar, "Biossíntese mediada por plantas de nanopartículas metálicas: Uma revisão da literatura, fatores que afetam a síntese, técnicas de caraterização e aplicações", *Journal of Environmental Chemical Engineering*, vol. 5, no. 5, pp. 4866-4883, outubro de 2017, doi: 10.1016 / j.jece.2017.09.026.
[43] G. Tegart, "Nanotechnology: The Technology for the 21st Century", 2003.
[44] S. Ramanathan, S. C. B. Gopinath, M. K. M. Arshad, P. Poopalan, e V. Perumal, "2 - Métodos de síntese de nanopartículas: força e limitações", em *Nanoparticles in Analytical and Medical Devices*, S. C. B. Gopinath e F. Gang, Eds, Elsevier, 2021, pp. 31-43. doi: 10.1016/B978-0-12-821163-2.00002-9.
[45] N. Baig, I. Kammakakam, e W. Falath, "Nanomaterials: a review of synthesis methods, properties, recent progress, and challenges," *Mater. Adv.* vol. 2, no. 6, pp. 1821-1871, Mar. 2021, doi: 10.1039/D0MA00807A.
[46] B. Mekuye e B. Abera, "Nanomaterials: An overview of synthesis, classification, characterization, and applications," *Nano Select*, vol. 4, no. 8, pp. 486-501, 2023, doi: 10.1002/nano.202300038.
[47] M. Goutayer, "Nano-emulsões para a vectorização de agentes terapêuticos ou de diagnóstico: estudo da biodistribuição por imagem de fluorescência in vivo," tese de doutoramento, Universite Pierre et Marie Curie - Paris VI, 2008.
[48] S. Iravani, "Green synthesis of metal nanoparticles using plants," *Green Chem.* vol. 13, no. 10, pp. 2638-2650, Jan. 2011, doi: 10.1039/C1GC15386B.
[49] H.-Y. Chuang e D.-H. Chen, "Fabrication and photoelectrochemical study of Ag@TiO2 nanoparticle thin film electrode," *International Journal of Hydrogen Energy*, vol. 36, no. 16, pp. 9487-9495, Aug. 2011, doi: 10.1016/j.ijhydene.2011.05.093.
[50] R. Patel (Kumar), P. Bobde, V. Singh (K.), D. Panchal, e S. Pal, "Chapter 21 - Synthesis and applications of carbon nanomaterials-based sensors," in *Advanced Nanomaterials for Point of Care Diagnosis and Therapy*, S. Dave, J. Das, and S. Ghosh, Eds., Elsevier, 2022, pp. 451-476. doi: 10.1016/B978-0-323-85725-3.00019-2.
[51] S. Griffin *et al*, "Natural Nanoparticles: A Particular Matter Inspired by Nature," *Antioxidants (Basel)*, vol. 7, n.º 1, p. 3, Dez. 2017, doi: 10.3390/antiox7010003.
[52] A. Barhoum *et al*, "Review on Natural, Incidental, Bioinspired, and Engineered Nanomaterials: History, Definitions, Classifications, Synthesis, Properties, Market, Toxicities, Risks, and

Regulations," *Nanomaterials (Basel)*, vol. 12, no. 2, p. 177, Jan. 2022, doi: 10.3390/nano12020177.
[53] I. Khan, K. Saeed, e I. Khan, "Nanopartículas: propriedades, aplicações e toxicidades", *Arabian Journal of Chemistry*, vol. 12, no. 7, pp. 908-931, Nov. 2019, doi: 10.1016/j.arabjc.2017.05.011.
[54] R. Aswani e E. K. Radhakrishnan, "Chapter 5 - Green approaches for nanotechnology," in *Green Functionalized Nanomaterials for Environmental Applications*, U. Shanker, C. M. Hussain, and M. Rani, Eds. in Micro and Nano Technologies. Elsevier, 2022, pp. 129-154. doi: 10.1016/B978-0-12-823137-1.00005-1.
[55] E. Abbasi *et al*, "Dendrimers: synthesis, applications, and properties," *Nanoscale Res Lett*, vol. 9, no. 1, p. 247, maio de 2014, doi: 10.1186/1556-276X-9-247.
[56] G. Wu *et al*, "Recent advancement of bioinspired nanomaterials and their applications: A review," *Front Bioeng Biotechnol*, vol. 10, p. 952523, Sep. 2022, doi: 10.3389/fbioe.2022.952523.
[57] P. Slepicka, N. Slepickova Kasalkova, J. Siegel, Z. Kolska, e V. Svorak, "Methods of Gold and Silver Nanoparticles Preparation," *Materials*, vol. 13, no. 1, Art. no. 1, Jan. 2020, doi: 10.3390/ma13010001.
[58] C. Buzea e I. Pacheco, "Chapter 2 - Gold and silver nanoparticles: Properties and toxicity," in *Gold and Silver Nanoparticles*, S. Sahoo and M. R. Hormozi-Nezhad, Eds. in Micro and Nano Technologies. Elsevier, 2023, pp. 59-82. doi: 10.1016/B978-0-323-99454-5.00007-X.
[59] L. R. Adil *et al*, "Chapter 7 - Nanomaterials for sensors: Synthesis and applications," in *Advanced Nanomaterials for Point of Care Diagnosis and Therapy*, S. Dave, J. Das, and S. Ghosh, Eds, Elsevier, 2022, pp. 121-168. doi: 10.1016/B978-0-323-85725-3.00017-9.
[60] A. Klinkova e H. Therien-Aubin, "Chapter 3 - Inorganic nanoparticles," in *Nanochemistry*, A. Klinkova and H. Therien-Aubin, Eds., Elsevier, 2024, pp. 49-110. doi: 10.1016/B978-0-443- 21447-9.00001-1.
[61] K. C. Majhi e M. Yadav, "Chapter 5 - Synthesis of inorganic nanomaterials using carbohydrates," in *Green Sustainable Process for Chemical and Environmental Engineering and Science*, Inamuddin, R. Boddula, M. I. Ahamed, and A. M. Asiri, Eds, Elsevier, 2021, pp. 109135. doi: 10.1016/B978-0-12-821887-7.00003-3.
[62] M. G. Berhe e Y. T. Gebreslassie, "Biomedical Applications of Biosynthesized Nickel Oxide Nanoparticles," *Int J Nanomedicine,* vol. 18, pp. 4229-4251, Jul. 2023, doi: 10.2147/IJN.S410668.
[63] D. Ziental *et al*, "Titanium Dioxide Nanoparticles: Prospects and Applications in Medicine," *Nanomaterials (Basel)*, vol. 10, no. 2, p. 387, Fev. 2020, doi: 10.3390/nano10020387.
[64] G. Maduraiveeran e W. Jin, "Nanomateriais de carbono: síntese, propriedades e aplicações em sensores eletroquímicos e sistemas de conversão de energia", *Ciência e Engenharia de Materiais: B*, vol. 272, p. 115341, outubro de 2021, doi: 10.1016 / j.mseb.2021.115341.
[65] K. D. Patel, R. K. Singh, e H.-W. Kim, "Nanomateriais à base de carbono como uma plataforma emergente para a teranóstica", *Mater. Horiz.* vol. 6, no. 3, pp. 434-469, Mar. 2019, doi: 10.1039/C8MH00966J.
[66] N. Rao, R. Singh e L. Bashambu, "Nanomateriais à base de carbono: Síntese e aplicações prospectivas", *Materials Today: Proceedings*, vol. 44, pp. 608-614, Jan. 2021, doi: 10.1016/j.matpr.2020.10.593.
[67] F. Ahmad *et al*, "Propriedades únicas de nanopartículas funcionalizadas de superfície para bioaplicação: mecanismos de funcionalização e importância na aplicação", *Nanomaterials (Basel)*, vol. 12, no. 8, p. 1333, abr. 2022, doi 10.3390/nano12081333. 12, no. 8, p. 1333, Abr. 2022, doi: 10.3390/nano12081333.
[68] A. Oake, P. Bhatt e Y. V. Pathak, "Understanding Surface Characteristics of Nanoparticles", em *Surface Modification of Nanoparticles for Targeted Drug Delivery*, Y. V. Pathak, Ed., Cham: Springer International Publishing, 2019, pp. 1-17. doi: 10.1007/978-3-030-06115-9_1.
[69] P. Slepicka, N. Slepickova Kasalkova, J. Siegel, Z. Kolska, e V. Svorak, "Métodos de preparação de nanopartículas de ouro e prata", *Materials (Basel)*, vol. 13, n.º 1, p. 1, Dez. 2019, doi:

10.3390/ma13010001.
[70] X. Chen, Y. Liu, B. Wang, X. Liu, e C. Lu, "Understanding role of microstructures of nanomaterials in electrochemiluminescence properties and their applications," *TrAC Trends in Analytical Chemistry*, vol. 162, p. 117030, maio de 2023, doi: 10.1016/j.trac.2023.117030.
[71] H. Kang *et al*, "Stabilization of Silver and Gold Nanoparticles: Preservation and Improvement of Plasmonic Functionalities," *Chem. Rev.* vol. 119, no. 1, pp. 664-699, Jan. 2019, doi: 10.1021/acs.chemrev.8b00341.
[72] R. Schurmann *et al*, "A estrutura eletrónica da interface metal-orgânica de nanopartículas de ouro revestidas com ligandos isolados", *Nanoscale Adv.* vol. 4, no. 6, pp. 1599-1607, Mar. 2022, doi: 10.1039/D1NA00737H.
[73] Q. Wu, W. Miao, Y. Zhang, H. Gao, e D. Hui, "Mechanical properties of nanomaterials: A review," *Nanotechnology Reviews*, vol. 9, no. 1, pp. 259-273, Jan. 2020, doi: 10.1515/ntrev-2020-0021.
[74] D. Guo, G. Xie, e J. Luo, "Mechanical properties of nanoparticles: basics and applications," *J. Phys. D: Appl. Phys.* vol. 47, no. 1, p. 013001, Dez. 2013, doi: 10.1088/0022-3727/47/1/013001.
[75] S. Sajjad, S. A. K. Leghari, N.-U.-A. Ryma, e S. A. Farooqi, "Green Synthesis of Metal-Based Nanoparticles and Their Applications", em *Green Metal Nanoparticles*, John Wiley & Sons, Ltd, 2018, pp. 23-77. doi: 10.1002/9781119418900.ch2.
[76] A. V. Rane, K. Kanny, V. K. Abitha, e S. Thomas, "Chapter 5 - Methods for Synthesis of Nanoparticles and Fabrication of Nanocomposites," in *Synthesis of Inorganic Nanomaterials*, S. Mohan Bhagyaraj, O. S. Oluwafemi, N. Kalarikkal, and S. Thomas, Eds. em Micro e Nano Tecnologias. Woodhead Publishing, 2018, pp. 121-139. doi: 10.1016/B978-0-08-101975- 7.00005-1.
[77] S. Kulkarni, "Synthesis of Nanomaterials-I (Physical Methods)," 2015, pp. 55-76. doi: 10.1007/978-3-319-09171-6_3.
[78] P. U. Ingle, A. P. Ingle, R. R. Philippini, e S. S. da Silva, "4 - Emerging role of nanotechnology in precision farming," in *Nanotechnology in Agriculture and Agroecosystems*, A. P. Ingle, Ed. in Micro and Nano Technologies. Elsevier, 2023, pp. 71-91. doi: 10.1016/B978-0-323-99446- 0.00007-6.
[79] Afsset, "Effets sur la sante de 1 homme et sur l'environnement," (Efeitos sobre a saúde humana e o ambiente) *Les nanomateriaux,* n° 2005/010, julho de 2006.
[80] D. Bokov *et al*, "Nanomaterial pelo Método Sol-Gel: Síntese e Aplicação", *Avanços em Ciência e Engenharia de Materiais*, vol. 2021, p. e5102014, Dez. 2021, doi: 10.1155/2021/5102014.
[81] M. Paulose, G. K. Mor, O. K. Varghese, K. Shankar, e C. A. Grimes, "Visible light photoelectrochemical and water-photoelectrolysis properties of titania nanotube arrays," *Journal of Photochemistry and Photobiology A: Chemistry*, vol. 178, no. 1, pp. 8-15, Fev. 2006, doi: 10.1016/j.jphotochem.2005.06.013.
[82] K. Hachem *et al*, "Métodos de síntese química na síntese de nanomateriais e nanopartículas pelo método de deposição química: uma revisão", *BioNanoSci*, vol. 12, no. 3, pp. 1032-1057, Sep. 2022, doi: 10.1007/s12668-022-00996-w.
[83] N. H. Nam e N. H. Luong, "Nanopartículas: síntese e aplicações", *Materials for Biomedical Engineering*, pp. 211-240, 2019, doi: 10.1016/B978-0-08-102814-8.00008-1.
[84] O. Messaoudi, M. Bendahou, O. Messaoudi e M. Bendahou, "Biological Synthesis of Nanoparticles Using Endophytic Microorganisms: Current Development", em *Nanotechnology and the Environment*, IntechOpen, 2020. doi: 10.5772/intechopen.93734.
[85] M. Boholm, "The use and meaning of nano in American English: Towards a systematic description," *Ampersand*, vol. 3, pp. 163-173, Jan. 2016, doi: 10.1016/j.amper.2016.10.001.
[86] X. Zhu *et al*, "A co-entrega de docetaxel e curcumina em nanopartículas à base de quitosana melhora a quimioimunoterapia antitumoral no cancro do pulmão", *Carbohydrate Polymers*, vol. 268, p. 118237, Sep. 2021, doi: 10.1016/j.carbpol.2021.118237.
[87] Y. Zhang, F. Fang, L. Li e J. Zhang, "*Nanomateriais* orgânicos auto-montados para entrega de medicamentos, bioimagem e terapia do câncer", *ACS Biomater. Sci. Eng.* vol. 6, no. 9, pp. 48164833,

Set. 2020, doi: 10.1021 / acsbiomaterials.0c00883.
[88] T. Liu *et al*, "Nanocompósitos de estrutura de cobre (II) -porfirina 3D semelhantes a flores funcionalizados com nanopartículas de prata como intensificadores de sinal para a fabricação de um sensor eletroquímico de glutationa sensível", *Sensores e Atuadores B: Químico*, vol. 342, p. 130047, Sep. 2021, doi: 10.1016/j.snb.2021.130047.
[89] Y. Wang, J. Xu, L. Shi, e H. Yang, "Recent advances in the antilung cancer activity of biosynthesized gold nanoparticles," *Journal of Cellular Physiology*, vol. 235, no. 12, pp. 89518957, 2020, doi: 10.1002/jcp.29789.
[90] D. Li *et al*, "A Review on Scaling Up Perovskite Solar Cells", *Advanced Functional Materials*, vol. 31, no. 12, pp. 2008621, 2021, doi: 10.1002/adfm.202008621.
[91] H. Zheng *et al*, "Desenvolvimentos recentes e desafios de materiais catódicos à base de Mn ricos em Li para baterias de iões de lítio de alta energia", *Materials Today Energy*, vol. 18, p. 100518, Dez. 2020, doi: 10.1016/j.mtener.2020.100518.
[92] Z. Zhang, C. Zhang, H. Zheng e H. Xu, "Plasmon-Driven Catalysis on Molecules and Nanomaterials," *Acc. Chem. Res.* vol. 52, no. 9, pp. 2506-2515, set. 2019, doi: 10.1021/acs.accounts.9b00224.
[93] Q. Li *et al*, "Perspetiva sobre métodos teóricos e modelação relacionados com processos de electrocatálise", *Chem. Commun.* vol. 56, no. 69, pp. 9937-9949, Aug. 2020, doi: 10.1039/D0CC02998J.
[94] Z. Wang, F. Gauvin, P. Feng, H. J. H. Brouwers, e Q. Yu, "Desempenho de autolimpeza e purificação do ar da pasta de cimento Portland com baixas dosagens de revestimentos de TiO2 nanodispersos", *Construction and Building Materials*, vol. 263, p. 120558, Dez. 2020, doi: 10.1016/j.conbuildmat.2020.120558.
[95] Q. Chen, M. Zhou, Y. Pan, e Y. Zhang, "Ferro Zero-Valente com Ligandos para a Degradação de Contaminantes Orgânicos: Uma Mini Revisão," *Processes*, vol. 11, no. 11, no. 2, Art. no. 2, Feb. 2023, doi: 10.3390/pr11020620.
[96] H. Onyeaka, P. Passaretti, T. Miri, e Z. T. Al-Sharify, "The safety of nanomaterials in food production and packaging", *Current Research in Food Science*, vol. 5, pp. 763-774, Jan. 2022, doi: 10.1016/j.crfs.2022.04.005.
[97] Z. Alhalili, "Metal Oxides Nanoparticles: General Structural Description, Chemical, Physical, and Biological Synthesis Methods, Role in Pesticides and Heavy Metal Removal through Wastewater Treatment," *Molecules*, vol. 28, no. 7, p. 3086, Mar. 2023, doi: 10.3390/molecules28073086.
[98] X. Li, J. Natsuki, e T. Natsuki, "Compósitos de nanopartículas de prata / nanoscroll de óxido de grafeno sintetizados em uma etapa", *Physica E: Low-dimensional Systems and Nanostructures*, vol. 124, p. 114249, outubro de 2020, doi: 10.1016/j.physe.2020.114249.
[99] P. S. Nayak *et al*, "Silver nanoparticles fabricated using medicinal plant extracts show enhanced antimicrobial and selective cytotoxic propensities," *IET Nanobiotechnology*, vol. 13, no. 2, pp. 193-201, 2019, doi: 10.1049/iet-nbt.2018.5025.
[100] M. Ma, B. J. Trzesniewski, J. Xie, e W. A. Smith, "Selective and Efficient Reduction of Carbon Dioxide to Carbon Monoxide on Oxide-Derived Nanostructured Silver Electrocatalysts," *Angewandte Chemie*, vol. 128, no. 33, pp. 9900-9904, 2016, doi: 10.1002/ange.201604654.
[101] M. S. S. Danish, L. L. Estrella-Pajulas, I. M. Alemaida, M. L. Grilli, A. Mikhaylov, e T. Senjyu, "Green Synthesis of Silver Oxide Nanoparticles for Photocatalytic Environmental Remediation and Biomedical Applications," *Metals*, vol. 12, no. 5, Art. no. 5, maio de 2022, doi: 10.3390/met12050769.
[102] H. H. Nayel e H. S. AL-Jumaili, "Síntese e caraterização de nanopartículas de óxido de prata preparadas por deposição de banho químico para aplicações de deteção de gás NH3", *eijs*, pp. 772-779, abril de 2020, doi: 10.24996/ijs.2020.61.4.9.
[103] B. N. Rashmi *et al*, "Síntese verde fácil de nanopartículas de óxido de prata e seus estudos eletroquímicos, fotocatalíticos e biológicos", *Inorganic Chemistry Communications*, vol. 111, p.

107580, Jan. 2020, doi: 10.1016/j.inoche.2019.107580.
[104] M. Cobos, I. De-La-Pinta, G. Quindos, M. J. Fernandez e M. D. Fernandez, "Synthesis, Physical, Mechanical and Antibacterial Properties of Nanocomposites Based on Poly(vinyl alcohol)/Graphene Oxide-Silver Nanoparticles," *Polymers*, vol. 12, no. 3, Art. no. 3, Mar. 2020, 10.3390/polym12030723. 12, no. 3, Art. no. 3, Mar. 2020, doi: 10.3390/polym12030723.
[105] H. Daoudi *et al*, "Metabolito Secundário de Sementes de Nigella Sativa Síntese Mediada de Nanopartículas de Óxido de Prata para Atividade Antioxidante e Antibacteriana Eficiente", *J Inorg Organomet Polym*, vol. 32, no. 11, pp. 4223-4236, Nov. 2022, doi: 10.1007/s10904-022-02393-y.
[106] N. R. Kokila *et al*, "Óxido de prata nano mediado por Thunbergia mysorensis para um potencial antibacteriano, antioxidante e anticancerígeno melhorado e avaliação da hemólise in vitro," *Journal of Molecular Structure*, vol. 1255, p. 132455, maio de 2022, doi: 10.1016/j.molstruc.2022.132455.
[107] S. Z. Hasan, K. N. Ahmad, W. N. R. W. Isahak, M. S. Masdar e J. M. Jahim, "Síntese de catalisador de baixo custo NiO (111) para hidrogenação de CO2 em ácidos carboxílicos de cadeia curta", *International Journal of Hydrogen Energy,* vol. 45, no. 42, pp. 22281-22290, agosto de 2020, doi: 10.1016/j.ijhydene.2019.09.102.
[108] S. Chen *et al*, "Eléctrodos de bateria de iões de lítio flexíveis de alto desempenho: fabrico assistido por troca de iões de matrizes de nanofolhas de óxido de níquel revestidas de carbono em tecido de carbono", *Advanced Functional Materials*, vol. 31, n.º 24, pp. 2101199, 2021, do doador 10.1002/adfm.. 31, no. 24, pp. 2101199, 2021, doi: 10.1002/adfm.202101199.
[109] S. Yousaf et al, "Ajustando as propriedades estruturais, ópticas e elétricas das nanopartículas de NiO preparadas por via química úmida", *Ceramics International*, vol. 46, no. 3, pp. 3750-3758, fevereiro de 2020, doi: 10.1016/j.ceramint.2019.10.097.
[110] F.-R. Juang, C.-H. Hsieh, I.-Y. Huang, W.-Y. Wang, W.-B. Lin, e L. Yen, "Dispersed and spherically assembled porous NiO nanosheets for low concentration ammonia gas sensing applications," *Solid-State* *Solid-State Electronics*, vol. 189, pp. 108224, Mar. 2022, doi: 10.1016/j.sse.2021.108224.
[111] P. Stremoukhov, D. C. S, A. Safin, S. Nikitov, e A. Kirilyuk, "Manipulação fonônica de domínios antiferromagnéticos em NiO", *New J. Phys.* vol. 24, no. 2, p. 023009, Fev. 2022, doi: 10.1088/1367-2630/ac4ce4.
[112] N. A. Khan *et al*, "Fotodegradação eficiente do corante laranja II por nanopartículas de óxido de níquel e nanocompósito de óxido de níquel suportado por nanoclay," *Appl Water Sci*, vol. 12, no. 6, p. 131, Abr. 2022, doi: 10.1007/s13201-022-01647-x.
[113] K. Parvathi e M. T. Ramesan, "Estrutura, propriedades e comportamento antibacteriano de nanocompósitos de borracha natural reforçados com óxido de níquel para aplicações electrónicas flexíveis", *Journal of Applied Polymer Science*, vol. 139, no. 45, p. e53120, 2022, doi: 10.1002/app.53120.
[114] T. Riaz *et al*, "Síntese fito-mediada de nanopartículas de óxido de níquel (NiO) utilizando extrato de folhas de Syzygium cumini para estudos de remoção de antioxidantes e corantes de águas residuais," *Inorganic Chemistry Communications*, vol. 142, p. 109656, Aug. 2022, doi: 10.1016/j.inoche.2022.109656.
[115] R. Gobi e R. S. Babu, "Estudo in vitro sobre quitosano/PVA incorporado com nanopartículas de óxido de níquel para aplicação na cicatrização de feridas", *Materials Today Communications*, vol. 34, p. 105154, Mar. 2023, doi 10.1016/j.mtcomm.2022.10515. 34, p. 105154, Mar. 2023, doi: 10.1016/j.mtcomm.2022.105154.
[116] K. Arshak, O. Korostynska, e F. Fahim, "Various Structures Based on Nickel Oxide Thick Films as Gamma Radiation Sensors," *Sensors*, vol. 3, no. 6, Art. no. 6, Jun. 3, no. 6, Art. no. 6, Jun. 2003, doi: 10.3390/s30600176.
[117] B. Lavina, P. Dera, e R. T. Downs, "Modern X-ray Diffraction Methods in Mineralogy and Geosciences," *Reviews in Mineralogy and Geochemistry*, vol. 78, no. 1, pp. 1-31, Jan. 2014, doi:

10.2138/rmg.2014.78.1.
[118] G. Boveri, A. Corozzi, F. Veronesi, e M. Raimondo, "Different Approaches to Low-Wettable Materials for Freezing Environments: Design, Performance and Durability," *Coatings*, vol. 11, p. 77, Jan. 2021, doi: 10.3390/coatings11010077.
[119] S. Srivastava e A. Bhargava, *Green Nanoparticles: The Future of Nanobiotechnology*. Singapura: Springer Singapore, 2022. doi: 10.1007/978-981-16-7106-7.
[120] S. Laouini, A. Bouafia, e M. Tedjani, "Atividade catalítica para a degradação de corantes e caraterização de nanopartículas de prata/óxido de prata sintetizadas por extrato aquoso de folhas de Phoenix Dactylifera L.," In Review, preprint, Jan. 2021. doi: 10.21203/rs.3.rs- 139856/v1.
[121] G. Chuto e P. Chaumet-Riffaud, "Les nanoparticules, "*Medecine Nucleaire,* vol. 34, no. 6, pp. 370-376, Jun. 2010, doi: 10.1016/j.mednuc.2010.03.003.
[122] S. Shanthi, B. D. Jayaseelan, P. Velusamy, S. Vijayakumar, C. T. Chih, e B. Vaseeharan, "Biossíntese de nanopartículas de prata usando um probiótico Bacillus licheniformis Dahb1 e sua atividade antibiofilme e efeitos de toxicidade em Ceriodaphnia cornuta", *Microb Pathog*, vol. 93, pp. 70-77, Abr. 2016, doi: 10.1016/j.micpath.2016.01.014.
[123] A. Lateef, B. I. Folarin, S. M. Oladejo, P. O. Akinola, L. S. Beukes e E. B. Gueguim-Kana, "Caracterização, atividades antimicrobianas, antioxidantes e anticoagulantes de nanopartículas de prata sintetizadas a partir do extrato de folhas de Petiveria alliacea L.", *Prep Biochem Biotechnol*, vol. 48, no. 7, pp. 646-652, 2018, doi: 10.1080/10826068.2018.1479864.
[124] S. Boopathi, S. Gopinath, T. Boopathi, V. Balamurugan, R. Rajeshkumar e M. Sundararaman, "Caracterização e Propriedades Antimicrobianas de Nanopartículas de Prata e Óxido de Prata Sintetizadas por Extrato Livre de Células de uma Pseudomonas aeruginosa M6 Associada a Manguezais Utilizando Dois Tratamentos Térmicos Diferentes," *Ind. Eng. Chem. Res.* vol. 51, no. 17, pp. 5976-5985, maio de 2012, doi: 10.1021/ie3001869.
[125] R. Li, Z. Chen, N. Ren, Y. Wang, Y. Wang e F. Yu, "Biossíntese de nanopartículas de óxido de prata e sua avaliação de atividade fotocatalítica e antimicrobiana para aplicações de cicatrização de feridas em cuidados de enfermagem", *Journal of Photochemistry and Photobiology B: Biology*, vol. 199, p. 111593, 2019.
[126] M. Ovais *et al*, "Papel dos fitoquímicos vegetais e das enzimas microbianas na biossíntese de nanopartículas metálicas", *Appl Microbiol Biotechnol*, vol. 102, no. 16, pp. 6799-6814, Aug. 2018, doi: 10.1007/s00253-018-9146-7.
[127] Y. Ida *et al*, "Diret Electrodeposition of 1.46 eV Bandgap Silver(I) Oxide Semiconductor Films by Electrogenerated Acid," *Chem. Mater*, vol. 20, no. 4, pp. 1254-1256, Fev. 2008, doi: 10.1021/cm702865r.
[128] T. Xaba, M. J. Moloto, M. Al-Shakban, M. A. Malik, P. O'Brien, e N. Moloto, "O efeito da temperatura no crescimento de nanopartículas Ag2O e filmes finos do complexo bis (2-hidroxi-1-naftaldehidato) prata (I) pela decomposição térmica de filmes revestidos por spin", *Ciência dos Materiais no Processamento de Semicondutores*, vol. 71, pp. 109-115, Nov. 2017, doi: 10.1016 / j.mssp.2017.07.015.
[129] "S. Torabi, M. J. K. Mansoorkhani, A. Majedi, and S. Motevalli, "REVISÃO: Síntese, Aplicações Médicas e Fotocatalisadoras de Nano-Ag2O", *Journal of Coordination Chemistry*, vol. 73, no. 13, pp. 1861-1880, jul. 2020, doi: 10.1080/00958972.2020.1806252.
[130] J. Pan, Y. Sun, Z. Wang, P. Wan, X. Liu, e M. Fan, "Nano óxido de prata (AgO) como material catódico de taxa de carga/descarga super elevada para baterias alcalinas recarregáveis," *J. Mater. Chem*, vol. 17, no. 45, pp. 4820-4825, Nov. 2007, doi: 10.1039/B711373K.
[131] J. Tominaga, "A aplicação de películas finas de óxido de prata a dispositivos fotónicos de plasmon", *J. Phys: Condens. Matter*, vol. 15, no. 25, p. R1101, Jun. 2003, doi: 10.1088/0953-8984/15/25/201.
[132] S. Wren, C. Minelli, Y. Pei, e N. Akhtar, "Avaliação de técnicas de tamanho de partícula para apoiar o desenvolvimento de nanopartículas em escala de fabricação para aplicação em produtos

farmacêuticos", *Journal of Pharmaceutical Sciences*, vol. 109, no. 7, pp. 2284-2293, jul. 109, no. 7, pp. 2284-2293, Jul. 2020, doi: 10.1016/j.xphs.2020.04.001.
[133] A. D. Russell e W. B. Hugo, "7 Antimicrobial Activity and Action of Silver," in *Progress in Medicinal Chemistry*, vol. 31, G. P. Ellis e D. K. Luscombe, Ed. 31, G. P. Ellis e D. K. Luscombe, Eds, Elsevier, 1994, pp. 351370. doi: 10.1016/S0079-6468(08)70024-9.
[134] F. Esmaile, H. Koohestani, e H. Abdollah-Pour, "Caracterização e atividade antibacteriana de nanopartículas de prata verdes sintetizadas usando extrato de Ziziphora clinopodioides", *Nanotecnologia Ambiental, Monitoramento e Gerenciamento*, vol. 14, p. 100303, dezembro de 2020, doi: 10.1016/j.enmm.2020.100303.
[135] A. Shah, S. Haq, W. Rehman, M. Waseem, S. Shoukat e M. Rehman, "Actividades fotocatalíticas e antibacterianas de nanopartículas de óxido de prata mediadas por paeonia emodi", *Mater. Res. Express*, vol. 6, no. 4, p. 045045, Jan. 2019, doi: 10.1088/2053-1591/aafd42.
[136] B. N. Rashmi *et al*, "Síntese verde fácil de nanopartículas de óxido de prata e seus estudos eletroquímicos, fotocatalíticos e biológicos", *Inorganic Chemistry Communications*, vol. 111, p. 107580, Jan. 2020, doi: 10.1016/j.inoche.2019.107580.
[137] S. Ravichandran, V. Paluri, G. Kumar, K. Loganathan, e B. R. Kokati Venkata, "Uma nova abordagem para a biossíntese de nanopartículas de óxido de prata usando extrato aquoso de folhas de Callistemon lanceolatus (Myrtaceae) e seu potencial terapêutico", *Journal of Experimental Nanoscience,* vol. 11, no. 6, pp. 445-458, Abr. 2016, doi: 10.1080/17458080.2015.1077534.
[138] V. Manikandan *et al*, "Green synthesis of silver oxide nanoparticles and its antibacterial activity against dental pathogens," *3 Biotech*, vol. 7, no. 1, p. 72, Abr. 2017, doi: 10.1007/s13205-017-0670-4.
[139] S. Menon, R. S., e V. K. S., "A review on biogenic synthesis of gold nanoparticles, characterization, and its applications," *Resource-Efficient Technologies*, vol. 3, no. 4, pp. 516527, Dez. 2017, doi: 10.1016/j.reffit.2017.08.002.
[140] M. S. Samuel, S. Jose, E. Selvarajan, T. Mathimani, e A. Pugazhendhi, "Nanopartículas de prata biossintetizadas usando Bacillus amyloliquefaciens; Aplicação para efeito de citotoxicidade na linha celular A549 e degradação fotocatalítica de p-nitrofenol," *Journal of Photochemistry and Photobiology B: Biology*, vol. 202, p. 111642, Jan. 2020, doi: 10.1016/j.jphotobiol.2019.111642.
[141] K. Rajendran, V. Karunagaran, B. Mahanty, e S. Sen, "Biossíntese de nanopartículas de hematita e seu efeito citotóxico nas células cancerígenas HepG2", *International Journal of Biological Macromolecules*, vol. 74, pp. 376-381, Mar. 2015, doi: 10.1016/j.ijbiomac.2014.12.028.
[142] L. Wang, C. Hu, e L. Shao, "A atividade antimicrobiana das nanopartículas: situação atual e perspectivas para o futuro," *IJN*, vol. 12, pp. 1227-1249, Fev. 2017, doi: 10.2147/IJN.S121956.
[143] J. Pan, Y. Sun, Z. Wang, P. Wan, X. Liu, e M. Fan, "Nano óxido de prata (AgO) como material catódico de taxa de carga/descarga super elevada para baterias alcalinas recarregáveis," *J. Mater. Chem*, vol. 17, no. 45, pp. 4820-4825, Nov. 2007, doi: 10.1039/B711373K.
[144] M. Vanaja *et al*, "Degradação de azul de metileno usando nanopartículas de prata sintetizadas biologicamente", *Bioinorg Chem Appl*, vol. 2014, pp. 742346, 2014, doi: 10.1155/2014/742346.
[145] M. I., H. A. M. Saleh, K. M. A. Qasem, M. Shahid, M. Mehtab e M. Ahmad, "Adsorção e separação eficientes e selectivas de azul de metileno (MB) de misturas de corantes em ambiente aquoso empregando uma estrutura orgânica metálica baseada em Cu (II)", *Inorganica Chimica Ata*, vol. 511, p. 119787, outubro de 2020, doi: 10.1016/j.ica.2020.119787.
[146] A. A. Adeyi, S. N. A. M. Jamil, L. C. Abdullah, T. S. Y. Choong, K. L. Lau, e M. Abdullah, "Adsorptive Removal of Methylene Blue from Aquatic Environments Using Thiourea-Modified Poly(Acrylonitrile-co-Acrylic Acid)," *Materials*, vol. 12, no. 11, Art. no. 11, Jan. 2019, doi: 10.3390/ma12111734.
[147] K. Ammor, D. Bousta, S. Jennan, B. Bennani, A. Chaqroune e F. Mahjoubi, "Triagem fitoquímica, conteúdo de polifenóis, poder antioxidante e atividade antibacteriana de Herniaria hirsuta de Marrocos", *ScientificWorldJournal*, vol. 2018, pp. 7470384, 2018, doi: 10.1155/2018/7470384.

[148] Z. H. Dhoondia e H. Chakraborty, "Lactobacillus Mediated Synthesis of Silver Oxide Nanoparticles," *Nanomaterials and Nanotechnology*, vol. 2, p. 15, Dez. 2012, doi: 10.5772/55741.
[149] A. K. De, S. Majumdar, S. Pal, S. Kumar, e I. Sinha, "Ampliação do gap de banda induzida por dopagem de Zn de nanopartículas de Ag2O", *Journal of Alloys and Compounds*, vol. 832, p. 154127, agosto de 2020, doi: 10.1016 / j.jallcom.2020.154127.
[150] Y. Liu, P. Li, R. Xue, e X. Fan, "Pesquisa sobre desempenho catalítico e mecanismo da heteroestrutura Ag2O / ZnO sob luz UV e visível", *Chemical Physics Letters*, vol. 746, p. 137301, maio de 2020, doi: 10.1016 / j.cplett.2020.137301.
[151] R. M. Mohamed, Adel. A. Ismail, M. W. Kadi, A. S. Alresheedi, e Ibraheem. A. Mkhalid, "Síntese fácil de heterojunções mesoporosas Ag2O-ZnO para promoção eficiente da fotodegradação da luz visível da tetraciclina", *ACS Omega*, vol. 5, no. 51, pp. 33269-33279, dezembro de 2020, doi: 10.1021 / acsomega.0c04969.
[152] D. Kandi, S. Mansingh, A. Behera e K. Parida, "Cálculo do rendimento quântico de fluorescência relativa e energia Urbach de CdS QDs coloidais em vários solventes de fácil acesso", *Journal of Luminescence*, vol. 231, p. 117792, Mar. 2021, doi: 10.1016/j.jlumin.2020.117792.
[153] D. Dharmaraj *et al*, "Atividades antibacterianas e de citotoxicidade de nanopartículas de óxido de prata biossintetizadas (Ag2O) usando Bacillus paramycoides", *Journal of Drug Delivery Science and Technology*, vol. 61, p. 102111, fevereiro de 2021, doi: 10.1016 / j.jddst.2020.102111.
[154] S. Mourdikoudis, R. M. Pallares, e N. T. K. Thanh, "Técnicas de caraterização de nanopartículas: comparação e complementaridade no estudo das propriedades das nanopartículas", *Nanoscale*, vol. 10, no. 27, pp. 12871-12934, Jul. 10, no. 27, pp. 12871-12934, Jul. 2018, doi: 10.1039/C8NR02278J.
[155] A. A. Fairuzi, N. N. Bonnia, R. M. Akhir, M. A. Abrani, e H. M. Akil, "Degradação do azul de metileno utilizando nanopartículas de prata sintetizadas a partir de extrato aquoso de imperata cylindrica," *IOP Conf. Ser.: Earth Environ. Sci.* 105, no. 1, p. 012018, Jan. 2018, doi: 10.1088/17551315/105/1/012018.
[156] M. Nasrollahzadeh, Z. Issaabadi, e S. M. Sajadi, "Síntese verde de nanopartículas de Cu/Al2O3 como catalisador eficiente e reciclável para a redução de 2,4-dinitrofenil-hidrazina, azul de metileno e vermelho do Congo", *Composites Part B: Engineering*, vol. 166, pp. 112-119, Jun. 2019, doi: 10.1016/j.compositesb.2018.11.113.
[157] S. Raj, H. Singh, R. Trivedi, e V. Soni, "Síntese biogénica de AgNPs empregando extrato de folha de Terminalia arjuna e sua eficácia para a degradação catalítica de corantes orgânicos", *Sci Rep*, vol. 10, no. 1, p. 9616, Jun. 2020, doi: 10.1038/s41598-020-66851-8.
[158] S. D. Khairnar e V. S. Shrivastava, "Síntese fácil de nanopartículas de óxido de níquel para a degradação do corante azul de metileno e rodamina B: um estudo comparativo," *Journal of Taibah University for Science*, vol. 13, no. 1, pp. 1108-1118, Dez. 2019, doi: 10.1080/16583655.2019.1686248.
[159] Z. Cai, Y. Sun, W. Liu, F. Pan, P. Sun e J. Fu, "Uma visão geral dos nanomateriais aplicados na remoção de corantes de águas residuais", *Environ Sci Pollut Res*, vol. 24, no. 19, pp. 15882-15904, Jul. 2017, doi: 10.1007/s11356-017-9003-8.
[160] K. Chaudhary *et al*, "Graphene oxide and reduced graphene oxide supported ZnO nanochips for removal of basic dyes from the industrial effluents," *Fullerenes, Nanotubes and Carbon Nanostructures*, vol. 29, no. 11, pp. 915-928, Nov. 2021, doi: 10.1080/1536383X.2021.1917553.
[161] G. Buyukozkan e F. Gofer, "Digital Supply Chain: Literature review and a proposed framework for future research", *Computers in Industry*, vol. 97, pp. 157-177, maio de 2018, doi: 10.1016/j.compind.2018.02.010.
[162] Z. M. Alimirzaeva, A. B. Isaev, N. S. Shabanov, A. G. Magomedova, M. V. Kadiev e K. Kaviyarasu, "Atividade fotoeletrocatalítica Matrizes de nanotubos de TiO2 altamente orientadas carregadas com PbO2", *Materials Today: Proceedings*, vol. 36, pp. 325-327, 2021, doi: 10.1016/j.matpr.2020.04.111.

[163] J. Li, Z. Liu, D. Wang, e Z. Zhu, "Microesferas de casca de núcleo de carbono-anatase-hematita responsivas à luz visível para fotodegradação de azul de metileno", *Ciência dos Materiais no Processamento de Semicondutores*, vol. 27, pp. 950-957, Nov. 2014, doi: 10.1016/j.mssp.2014.08.038.
[164] W. Hu, D. Chu, L. Wang, X. Chen, H. Yang e J. Sun, "Síntese assistida por ultrassom de arquiteturas Cu2O tipo cone hexagonal com atividade fotocatalítica aprimorada", *Nano-Structures & Nano-Objects*, vol. 12, pp. 220-228, outubro de 2017, doi: 10.1016/j.nanoso.2017.09.018.
[165] J. Singh, T. Dutta, K.-H. Kim, M. Rawat, P. Samddar e P. Kumar, "'Green' synthesis of metals and their oxide nanoparticles: applications for environmental remediation," *Journal of Nanobiotechnology*, vol. 16, n.º 1, p. 84, Out. 2018, doi: 10.1186/s12951-018-0408-4.
[166] S. F. Ahmed *et al*, "Green approaches in synthesising nanomaterials for environmental nanobioremediation: Technological advancements, applications, benefits and challenges," *Environmental Research*, vol. 204, p. 111967, Mar. 2022, doi: 10.1016/j.envres.2021.111967.
[167] M. S. Chavali e M. P. Nikolova, "Nanopartículas de óxido de metal e suas aplicações em nanotecnologia", *SN Appl. Sci.* vol. 1, no. 6, p. 607, maio de 2019, doi: 10.1007/s42452-019-0592- 3.
[168] C. Kalita e P. Saikia, "Nanopartículas de óxido de níquel mediadas por folhas de chá magneticamente separáveis para excelente atividade fotocatalítica", *Journal of the Indian Chemical Society*, vol. 98, no. 11, p. 100213, Nov. 2021, doi: 10.1016 / j.jics.2021.100213.
[169] S. Thirbika, H. Karthi, R. Premila e M. Ramesh Prabhu, "Investigações sobre nanopartículas de óxido de níquel biossintetizadas utilizando extrato de folhas de Cymbopogon citratus para atividade antibacteriana," *Materials Today: Proceedings*, p. S2214785322034496, maio de 2022, doi: 10.1016/j.matpr.2022.05.168.
[170] F. Ameen *et al*, "Fitosíntese de nanopartículas de prata usando extrato de flor de Mangifera indica como biorredutor e sua atividade antibacteriana de amplo espetro", *Bioorganic Chemistry*, vol. 88, p. 102970, Jul. 2019, doi: 10.1016 / j.bioorg.2019.102970.
[171] A. Shah, S. Haq, W. Rehman, M. Waseem, S. Shoukat e M. Rehman, "Actividades fotocatalíticas e antibacterianas de nanopartículas de óxido de prata mediadas por paeonia emodi", *Mater. Res. Express*, vol. 6, no. 4, p. 045045, Jan. 2019, doi: 10.1088/2053-1591/aafd42.
[172] F. Esmaile, H. Koohestani, e H. Abdollah-Pour, "Caracterização e atividade antibacteriana de nanopartículas de prata verdes sintetizadas usando extrato de Ziziphora clinopodioides", *Nanotecnologia Ambiental, Monitoramento e Gerenciamento*, vol. 14, p. 100303, dezembro de 2020, doi: 10.1016/j.enmm.2020.100303.
[173] S. Das, V. K. Singh, A. K. Dwivedy, A. K. Chaudhari e N. K. Dubey, "Eficácia inseticida e fungicida de óleos essenciais e abordagens de nanoencapsulação para o desenvolvimento de conservantes verdes ecológicos de próxima geração para a gestão de produtos alimentares armazenados: uma visão geral," *International Journal of Pest Management*, vol. 0, no. 0, pp. 1-32, Set. 2021, doi: 10.1080/09670874.2021.1969473.
[174] B. El-Ghmari, H. Farah, e A. Ech-Chahad, "Uma nova abordagem para a biossíntese verde de nanopartículas de óxido de prata Ag2O, caraterização e aplicação catalítica", *Boletim de Engenharia de Reação Química e Catálise*, vol. 16, no. 3, pp. 651-660, set. 2021, doi: 10.9767/bcrec.16.3.11577.651-660.
[175] B. N. Rashmi *et al*, "Facile green synthesis of lanthanum oxide nanoparticles using Centella Asiatica and Tridax plants: Estudos fotocatalíticos, de sensores electroquímicos e antimicrobianos", *Applied Surface Science Advances*, vol. 7, p. 100210, Fev. 2022, doi: 10.1016/j.apsadv.2022.100210.
[176] F. Esmaile, H. Koohestani, e H. Abdollah-Pour, "Caracterização e atividade antibacteriana de nanopartículas de prata verdes sintetizadas usando extrato de *Ziziphora clinopodioides*", *Nanotecnologia Ambiental, Monitoramento e Gerenciamento*, vol. 14, p. 100303, dezembro de 2020, doi: 10.1016/j.enmm.2020.100303.
[177] S. Menon, R. S., e V. K. S., "A review on biogenic synthesis of gold nanoparticles, characterization, and its applications," *Resource-Efficient Technologies,* vol. 3, no. 4, pp. 516527, Dez.

2017, doi: 10.1016/j.reffit.2017.08.002.
[178] M. Ovais *et al*, "Papel dos fitoquímicos vegetais e das enzimas microbianas na biossíntese de nanopartículas metálicas", *Appl Microbiol Biotechnol*, vol. 102, no. 16, pp. 6799-6814, Aug. 2018, doi: 10.1007/s00253-018-9146-7.
[179] M. S. Samuel, S. Jose, E. Selvarajan, T. Mathimani, e A. Pugazhendhi, "Nanopartículas de prata biossintetizadas usando Bacillus amyloliquefaciens; Aplicação para efeito de citotoxicidade na linha celular A549 e degradação fotocatalítica de p-nitrofenol," *Journal of Photochemistry and Photobiology B: Biology*, vol. 202, p. 111642, Jan. 2020, doi: 10.1016/j.jphotobiol.2019.111642.
[180] M. Darbandi, M. Eynollahi, N. Badri, M. F. Mohajer e Z.-A. Li, "Nanopartículas de NiO com desempenho sonofotocatalítico superior na degradação de poluentes orgânicos", *Journal of Alloys and Compounds*, vol. 889, p. 161706, Dez. 2021, doi: 10.1016/j.jallcom.2021.161706.
[181] A. Akbari, Z. Sabouri, H. A. Hosseini, A. Hashemzadeh, M. Khatami e M. Darroudi, "Efeito de nanopartículas de óxido de níquel como fotocatalisador na degradação de corantes e avaliação de parâmetros eficazes na sua remoção de ambientes aquosos", *Inorganic Chemistry Communications*, vol. 115, p. 107867, maio de 2020, doi: 10.1016/j.inoche.2020.107867.
[182] M. Boudiaf *et al*, "Síntese verde de nanopartículas de NiO usando extrato de Nigella sativa e sua atividade eletrocatalítica aprimorada para a degradação de 4-nitrofenol", *Journal of Physics and Chemistry of Solids*, vol. 153, p. 110020, Jun. 2021, doi: 10.1016/j.jpcs.2021.110020.
[183] P. Bhatia e M. Nath, "Green synthesis of p-NiO/n-ZnO nanocomposites: Excellent adsorbent for removal of congo red and efficient catalyst for reduction of 4-nitrophenol present in wastewater," *Journal of Water Process Engineering*, vol. 33, p. 101017, Fev. 2020, doi: 10.1016/j.jwpe.2019.101017.
[184] K. Anandan e V. Rajendran, "Efeitos do Mn nas propriedades magnéticas e ópticas e atividades fotocatalíticas de nanopartículas de NiO sintetizadas através do processo de precipitação simples", *Ciência e Engenharia de Materiais: B*, vol. 199, pp. 48-56, set. 2015, doi: 10.1016/j.mseb.2015.04.015.
[185] T. Adinaveen, T. Karnan, e S. A. Samuel Selvakumar, "Propriedades fotocatalíticas e ópticas do extrato de casca de Nephelium lappaceum L. adicionado com NiO: Uma tentativa de converter resíduos num produto valioso", *Heliyon*, vol. 5, n.º 5, p. e01751, maio de 2019, doi: 10.1016/j.heliyon.2019.e01751.
[186] S. Farhadi, M. Kazem, e F. Siadatnasab, "NiO nanoparticles prepared via thermal decomposition of the bis(dimethylglyoximato)nickel(II) complex: A novel reusable heterogeneous catalyst for fast and efficient microwave-assisted reduction of nitroarenes with ethanol," *Polyhedron*, vol. 30, no. 4, pp. 606-613, Mar. 2011, doi: 10.1016/j.poly.2010.11.037.
[187] A. K. Ramasami, M. V. Reddy e G. R. Balakrishna, "Síntese de combustão e caraterização de nanopartículas de NiO", *Materials Science in Semiconductor Processing*, vol. 40, pp. 194-202, Dez. 2015, doi: 10.1016/j.mssp.2015.06.017.
[188] N. N. M. Zorkipli, N. H. M. Kaus, e A. A. Mohamad, "Synthesis of NiO Nanoparticles through Sol-gel Method," *Procedia Chemistry*, vol. 19, pp. 626-631, 2016, doi: 10.1016/j.proche.2016.03.062.
[189] S. Ghazal *et al*, "Biossíntese Sol-gel de nanopartículas de óxido de níquel usando extrato de Cydonia oblonga e avaliação de sua citotoxicidade e atividades fotocatalíticas", *Journal of Molecular Structure*, vol. 1217, p. 128378, Out. 2020, doi: 10.1016/j.molstruc.2020.128378.
[190] M. A. Rahman, R. Radhakrishnan, e R. Gopalakrishnan, "Propriedades estruturais, ópticas, magnéticas e antibacterianas de nanopartículas de NiO dopadas com Nd preparadas pelo método de co-precipitação", *Journal of Alloys and Compounds,* vol. 742, pp. 421-429, abril de 2018, doi: 10.1016 / j.jallcom.2018.01.298.
[191] W.-N. Wang, Y. Itoh, I. W. Lenggoro, e K. Okuyama, "Nickel and nickel oxide nanoparticles prepared from nickel nitrate hexahydrate by a low pressure spray pyrolysis," *Materials Science and Engineering: B*, vol. 111, no. 1, pp. 69-76, Aug. 2004, doi: 10.1016/j.mseb.2004.03.024.

[192] Wei Zhiqiang, Qiao Hongxia, Yang Hua, Zhang Cairong, e Yan Xiaoyan, "Characterization of NiO nanoparticles by anodic arc plasma method," *Journal of Alloys and Compounds*, vol. 479, no. 1-2, pp. 855-858, Jun. 2009.
[193] H. G. Gebretinsae, M. G. Tsegay, e Z. Y. Nuru, "Biossíntese de nanopartículas de óxido de níquel (NiO) a partir de extrato de planta de cato", *Materials Today: Proceedings*, vol. 36, pp. 566-570, 2021, doi: 10.1016/j.matpr.2020.05.331.
[194] Y. Bahammou *et al*, "Isotérmicas de sorção de água e caraterísticas de secagem da erva-das-rochas (Herniaria hirsuta) durante uma secagem solar convectiva para uma melhor conservação," *Solar Energy*, vol. 201, pp. 916-926, 2020.
[195] I. van Dooren *et al*, "Efeito de redução do colesterol na vesícula biliar de cães por uma infusão padronizada de Herniaria hirsuta L.", *Journal of Ethnopharmacology*, vol. 169, pp. 69-75, Jul. 2015, doi: 10.1016/j.jep.2015.03.081.
[196] Y. Qi, H. Qi, J. Li, e C. Lu, "Synthesis, microstructures and UV-vis absorption properties of 0-Ni(OH)2 nanoplates and NiO nanostructures," *Journal of Crystal Growth*, vol. 310, no. 18, pp. 4221-4225, Aug. 2008, doi: 10.1016/j.jcrysgro.2008.06.047.
[197] Z. Sabouri, A. Akbari, H. A. Hosseini, M. Khatami e M. Darroudi, "Biossíntese de base verde de nanopartículas de óxido de níquel em goma arábica e exame de sua citotoxicidade, efeitos fotocatalíticos e antibacterianos", *Green Chemistry Letters and Reviews*, vol. 14, no. 2, pp. 404-414, abr. 2021. 14, no. 2, pp. 404-414, Abr. 2021, doi: 10.1080/17518253.2021.1923824.
[198] A. Fall, J. Sackey, N. Mayedwa, e B. D. Ngom, "Investigação das propriedades estruturais e ópticas de nanopartículas de CdO via casca de Citrus x sinensis", *Materials Today: Proceedings*, vol. 36, pp. 298-302, 2021, doi: 10.1016/j.matpr.2020.04.057.
[199] R. Ramesh, V. Yamini, S. J. Sundaram, F. L. A. Khan e K. Kaviyarasu, "Investigação das propriedades estruturais e ópticas de nanopartículas de NiO mediadas por extrato de folha de Plectranthus amboinicus", *Materials Today: Proceedings*, vol. 36, pp. 268-272, 2021, doi: 10.1016/j.matpr.2020.03.581.
[200] S. Yousaf *et al*, "Ajustando as propriedades estruturais, ópticas e elétricas das nanopartículas de NiO preparadas por via química úmida", *Ceramics International*, vol. 46, no. 3, pp. 3750-3758, fevereiro de 2020, doi: 10.1016/j.ceramint.2019.10.097.
[201] M. Ben Amor, A. Boukhachem, K. Boubaker e M. Amlouk, "Estudos estruturais, ópticos e elétricos em filmes finos de NiO dopados com Mg para aplicações de sensibilidade", *Ciência dos Materiais no Processamento de Semicondutores*, vol. 27, pp. 994-1006, Nov. 2014, doi: 10.1016/j.mssp.2014.08.008.
[202] Z. Sabouri, A. Akbari, H. A. Hosseini, M. Khatami e M. Darroudi, "Síntese verde de nanopartículas de NiO mediada por clara de ovo e estudo de sua citotoxicidade e atividade fotocatalítica", *Polyhedron*, vol. 178, p. 114351, Mar. 2020, doi: 10.1016/j.poly.2020.114351.
[203] K. Kannan, D. Radhika, M. P. Nikolova, K. K. Sadasivuni, H. Mahdizadeh, e U. Verma, "Structural studies of bio-mediated NiO nanoparticles for photocatalytic and antibacterial activities", *Inorganic Chemistry Communications*, vol. 113, p. 107755, Mar. 2020, doi: 10.1016/j.inoche.2019.107755.
[204] K. Karthik, M. Shashank, V. Revathi, e T. Tatarchuk, "Síntese verde fácil assistida por micro-ondas de nanopartículas de NiO a partir do extrato da folha de Andrographis paniculata e avaliação de suas atividades fotocatalíticas e anticâncer", *Molecular Crystals and Liquid Crystals*, vol. 673, no. 1, pp. 70-80, setembro de 2018, doi: 10.1080 / 15421406.2019.1578495.
[205] Z. Sabouri, A. Akbari, H. A. Hosseini, A. Hashemzadeh e M. Darroudi, "Nanopartículas de NiO sintetizadas de base biológica e avaliação de sua toxicidade celular e efeitos de tratamento de águas residuais", *Journal of Molecular Structure*, vol. 1191, pp. 101-109, set. 2019, doi: 10.1016/j.molstruc.2019.04.075.
[206] Z. Sabouri, A. Akbari, H. A. Hosseini, A. Hashemzadeh e M. Darroudi, "Biossíntese ecológica de nanopartículas de óxido de níquel mediada por extrato de planta de quiabo e investigação

de suas propriedades fotocatalíticas, magnéticas, citotoxicidade e antibacterianas", *J Clust Sci*, vol. 30, no. 6, pp. 1425-1434, Nov. 2019, doi: 10.1007/s10876-019-01584-x.

[207] Z. Sabouri, A. Akbari, H. A. Hosseini, M. Khatami e M. Darroudi, "Síntese mediada por tragacanto de nanofolhas de NiO para citotoxicidade e degradação fotocatalítica de corantes orgânicos", *Bioprocess Biosyst Eng*, vol. 43, no. 7, pp. 1209-1218, Jul. 2020, doi: 10.1007/s00449-020- 02315-7.

[208] Z. Sabouri, M. Sabouri, M. S. Amiri, M. Khatami e M. Darroudi, "Síntese baseada em plantas de nanopartículas de óxido de cério usando extrato de Rheum turkestanicum e avaliação de sua citotoxicidade e propriedades fotocatalíticas", *Tecnologia de Materiais*, vol. 37, no. 8, pp. 555-568, Jul. 2022, doi: 10.1080/10667857.2020.1863573.

[209] Z. Sabouri, A. Rangrazi, M. S. Amiri, M. Khatami e M. Darroudi, "Síntese verde de nanopartículas de óxido de níquel usando extrato de sementes de Salvia hispanica L. (chia) e estudos de sua atividade fotocatalítica e efeitos de citotoxicidade", *Bioprocess Biosyst Eng*, vol. 44, no. 11, pp. 2407-2415, Nov. 2021, doi: 10.1007/s00449-021-02613-8.

[210] A. Miri, F. Mahabbati, A. Najafidoust, M. J. Miri e M. Sarani, "Nanopartículas de óxido de níquel: biossíntese, caraterização e aplicação fotocatalítica na degradação do corante azul de metileno", *Química Inorgânica e Nano-Metal*, vol. 52, no. 1, pp. 122-131, Jan. 2022, doi: 10.1080/24701556.2020.1862226.

[211] P. Bhatia e M. Nath, "Nanocompósitos de óxidos metálicos mistos ternários (Ag2O/NiO/ZnO) utilizados para a remoção eficiente de poluentes orgânicos," *Journal of Water Process Engineering*, vol. 49, p. 102961, Out. 2022, doi: 10.1016/j.jwpe.2022.102961.

[212] M. R. Aravind *et al*, "Influência de várias concentrações de brometo de cetiltrimetilamónio nas propriedades das nanopartículas de óxido de níquel para aplicação em supercapacitores", *NANO*, vol. 16, no. 12, pp. 2150138, Nov. 2021, doi: 10.1142/S1793292021501381.

[213] X. Wan, M. Yuan, S. Tie, e S. Lan, "Efeitos dos caracteres do catalisador na atividade fotocatalítica e no processo de nanopartículas de NiO na degradação do azul de metileno", *Applied Surface Science*, vol. 277, pp. 40-46, Jul. 2013, doi: 10.1016/j.apsusc.2013.03.126.

[214] H. Tju, A. Taufik, e R. Saleh, "Enhanced UV Photocatalytic Performance of Magnetic Fe3O4/CuO/ZnO/NGP Nanocomposites," *J. Phys: Conf. Ser.* vol. 710, no. 1, p. 012005, Abr. 2016, doi: 10.1088/1742-6596/710/1/012005.

[215] K. Karthik, S. Dhanuskodi, C. Gobinath, S. Prabukumar, e S. Sivaramakrishnan, "Propriedades multifuncionais do nanocompósito de óxido metálico misto CdO-NiO-ZnO assistido por micro-ondas: actividades fotocatalíticas e antibacterianas melhoradas," *J Mater Sci: Mater Electron*, vol. 29, no. 7, pp. 5459-5471, Abr. 2018, doi: 10.1007/s10854-017-8513-y.

[216] N. M. El-Shafai, M. E. El-Khouly, M. El-Kemary, M. S. Ramadan e M. S. Masoud, "Nanocompósitos de óxido de grafeno e óxido de metal: fabrico, caraterização e remoção do corante catiónico rodamina B," *RSC Adv.*, vol. 8, n.º 24, pp. 13323-13332, Abr. 2018, doi: 10.1039/C8RA00977E.

[217] T. Munawar, F. Iqbal, S. Yasmeen, K. Mahmood, e A. Hussain, "Nanocompósito de óxido multi-metal NiO-CdO- ZnO - síntese, propriedades estruturais, ópticas, eléctricas e atividade fotocatalítica melhorada impulsionada pela luz solar", *Ceramics International*, vol. 46, no. 2, pp. 2421-2437, fevereiro de 2020, doi: 10.1016/j.ceramint.2019.09.236.

[218] E. F. Aboelfetoh, A. E. Aboubaraka, e E.-Z. M. Ebeid, "Efeito sinérgico dos óxidos de ferro e cobre na remoção de corantes orgânicos através do processo de degradação catalítica induzida termicamente", *J Clust Sci*, vol. 34, no. 5, pp. 2521-2535, Sep. 2023, doi: 10.1007/s10876-022-02400-9.

[219] P. Bhatia e M. Nath, "Green synthesis of p-NiO/n-ZnO nanocomposites: Excellent adsorbent for removal of congo red and efficient catalyst for reduction of 4-nitrophenol present in wastewater," *Journal of Water Process Engineering*, vol. 33, p. 101017, Fev. 2020, doi: 10.1016/j.jwpe.2019.101017

Printed by Books on Demand GmbH, Norderstedt / Germany